水文与水资源管理

李　骚　马耀辉　周海君　主编

吉林科学技术出版社

图书在版编目（CIP）数据

水文与水资源管理 / 李骚，马耀辉，周海君主编
. -- 长春 : 吉林科学技术出版社，2020.11
ISBN 978-7-5578-7889-4

Ⅰ. ①水… Ⅱ. ①李… ②马… ③周… Ⅲ. ①水文学
②水资源管理 Ⅳ. ① P33 ② TV213.4

中国版本图书馆 CIP 数据核字 (2020) 第 217106 号

水文与水资源管理

SHUIWEN YU SHUIZIYUAN GUANLI

主　　编　李　骚　马耀辉　周海君
出 版 人　宛　霞
责任编辑　朱　萌
封面设计　李　宝
制　　版　张　凤
开　　本　16
字　　数　240 千字
页　　数　176
印　　张　11
版　　次　2020 年 11 月第 1 版
印　　次　2020 年 11 月第 1 次印刷
出　　版　吉林科学技术出版社
发　　行　吉林科学技术出版社
地　　址　长春市福祉大路 5788 号
邮　　编　130118
发行部电话 / 传真　0431—81629529　　81629530　　81629531
　　　　　　　　　　81629532　　81629533　　81629534

储运部电话　0431—86059116

编辑部电话　0431—81629520
印　　刷　北京宝莲鸿图科技有限公司
书　　号　ISBN 978-7-5578-7889-4
定　　价　50.00 元

前　言

　　水文工作是保障水利工作顺利开展的重要基础，水文资源管理工作作为水文工作的一个重要组成部分，它能够为水利工程建设提高宝贵的建设依据。随着我国水利工程建设水平不断提升，水文资源管理在水利工程建设中的作用也日益凸显出来，其所带来的社会效益和经济效益也逐渐显现出来。

　　长期以来，由于受到我国独特气候、独特地貌以及独特地形的影响，水旱灾害频发，已经成为了我国最主要的自然灾害之一，为我国人民的生产和生活带来了严重的负面影响，甚至影响到了我国人民的安危。水文水资源管理作为抗灾减灾的一个重要的非工程措施，能够为水利工程建设提供重要的依据，从而提高水利工程建设的水平。水文资源管理工作直接影响着我国水利工程建设水平，除此以外，它还影响着我国的农业、工业正常运行与生产。因此，要想提高水利工程建设质量，提高水利工程项目建设水平，必须要不断加强水文水资源管理。

　　在水利工程建设实践中由于一些技术因素和环境因素的影响，致使实测流量资源缺乏。因此需要充分利用现有的实测流量资源进行水文计算工作。水文计算工作主要就是依据降水量数值来进行计算，通过计算来深入了解不同时间或者不同地点的洪水线、水位以及库容曲线状况。在深入了解这些数据的基础之上再进一步进行分析，以此来获取最终的水位信息，进而更好地设计和校核水位。水文水资源管理在水利工程建设中具有重要的作用，水文计算工作的成果直接关系着水利工程的建设方案，关系着水利工程的建设质量，从而直接影响着水利工程最终的社会效益和经济效益。

　　随着我国社会经济不断发展进步，水利工程建设也逐渐引起了社会的广泛关注。水文水资源管理在水利工程建设中具有重要的应用价值，为此，在建设水利工程时要注重水文水利资源管理的应用，来保障水利工程建设的质量和效率，提升水利工程的建设水平。

目 录

第 一 章　水文资源的理论研究

第一节　气候变化对水文资源影响

随着经济的发展和工业化进程的增长,气候变化成为 21 世纪最重要的环境问题,引起国际社会和人们自上而下的普遍关注。大气中温室气体的增加对全球范围的温度造成了影响,致使部分地区洪灾、旱灾现象严重,对水文资源造成了重大影响。该文介绍了气候变化对水文资源的影响,呼吁人们关注环境问题,并对水资源的发展和研究趋势提出了思考。

随着工业的发展、能源的利用,温室气体的增加,造成全球气温的增长。有资料显示,工业的发展带来全球气温的升高,在 20 世纪平均升温 0.6℃,到 21 世纪末,已经升温到 1.1℃。气候的变化直接改变了水文循环的状况,使全球水资源产生新的调配,影响到区域降水、径流、土壤湿度发生变化,产生无法估量的经济损失。气候变化会对人类生活造成了重大影响,成为全球范围内普遍关注和研究的环境问题。当前,人们在气候变化对水文资源影响的研究方面已取得了一定进展。

一、气候变化对水文循环的影响

水文循环是生态系统中气候环境的组成部分,气候变化对其有一定的制约作用,反过来,它也会对气候形成影响。气候变化了,水文循环也会有所改变。气候变化确定了水文循环的环境背景,如日照、降水、温度、湿度等环境因子,这些因素多重影响、综合作用,对水文循环形成复杂、深层次的影响。在区域环境中,区域的气候条件决定了其中的水文循环。降水是气候环境变化中最主要的影响因素,此外,气候因子可以通过土壤里的水分同空气中的能量、水分实行交换,光照、风力、气温使土壤中的水分蒸发,间接地影响到水文循环。

二、气候变化对水文资源径流的影响

水资源径流主要受到地理位置和降水环境的影响,气候影响也很大。随着气候变化,各地的水资源的正常径流量也会发生变化。

（一）对径流分布区域的影响

我国各地气候差异比较显著,各地区水资源径流量也有很大差异。通常,径流量产生最大增减幅度是在当年气温明显升高,降水持续减少的时期,个别情况下,增多时的径流量是减少时期的 4 倍;每年的汛期,即 6、7、8、9 这 4 个月是径流量涨幅最大的时期。相对气候湿润的地区,气候变化对径流量的影响不是很大,而干旱或半干旱区域,气候因素成为决定径流量的关键因素。故气候变化对径流量的区域分配产生影响。

（二）年径流量变化的影响

随着气候的变化,我国南北方的年径流量会发生变化。通常,南方径流量的增减与北方径流量的增减是交替进行的,近年来,整体趋势偏于减少。其中,辽河流域径流量增幅最大,黄河流域降水量偏少,径流量逐步减少;我国西北地区地形较高,河流的水源大部分是来自冰川消融的补给,随着全球气温变暖,冰川融化进度加快,夏季流域内径流量增幅加剧,而在枯水期,河流干竭也迅速,所以气候变化增加了水文水资源的敏感度。

（三）对径流量系数的影响

受各地不同的气候环境影响,气候条件的变化使水文水资源径流量的系数发生相应的变化,当某地的径流量系数升高,则该区域的气候湿润指数上升,该地区的水文状况更趋湿润;相反,径流量系数减少时,该区域的干旱状态会持续,水文状况也会变干。

三、气候变化对水文水资源系统的影响

气候变化受到自然条件的限制,人为因素也使其产生相应的影响。近年来,随着全球二氧化碳以及污染气体排放量的增加,全球的气候开始变暖,对人类的生态环境造成了一系列的破坏,同时,对区域的水文水资源系统也造成了沉重影响。影响水文水资源的质量。气候变暖,空气温度会随着增高,河水对污染物的分解力度降低了,水文水质量也降低了;旱涝灾害的发生率也大幅提高,农业生产会受到影响,对人们的生产生活也产生不利因素。全球气候的变化使大气环流发生改变,对区域内的降水造成了影响。对于经济增长迅速的区域,工农业生产都有极高的水资源需求;同时,气候变暖使地区的降水量极不平衡,水资源蒸发现象普遍增加,降水量减少愈使水资源缺乏了供给,不仅给人们的正常生产生活带来不利的因素,同时对当地的

经济发展起到了制约和阻碍作用。对于降水量比较少的区域，不利的情况会更趋严重。因此，气候变化对用水供给的影响超过了降水的作用，在发展经济的同时，一定要关注环境保护，维护人类的生存环境。影响区域敏感性。在全球气候变暖的条件下，我国主要流域的径流量都随之发生了变化，区域敏感性也受到影响。在湿润地区，河流径流量对气候变化有很强的敏感性，影响当地区域的干湿程度；而在干旱区域，敏感性略差些。

四、气候变化对我国水文水资源的影响

近年来，人们对气候变化危害的认识逐步提高，更加关注对我国水文水资源的影响。一方面，气候变化首先影响到我国的降水分布和总量。我国西部降水总量逐步增加，西北增多西南减少。东部地区降水量变化很大，部分区域出现明显增多或下降的趋势。而在降水频率上，西部和东部部分地区有所增加，

其他地区相对减少。降水量的增加并不能说明可利用的水资源也增加，这是因为，由于气候变暖，蒸发量增加，地表径流减少，大部分的降水随着植物蒸腾和蒸发掉了，水资源没有得到有效利用。同时，人类可以利用的河流径流受到影响，其渗透量减少了。另一方面，气候变化造成我国冰川退化、冰雪覆盖量大幅减少，导致我国境内以冰川为供给的河流径流开始减少。随着我国降水量的强度和频率受到影响，水循环系统遭到破坏，发生水灾的强度和频率也增加了，同时引发更多的自然灾害，如：泥石流、滑坡等。森林、湿地、草原等生态系统的稳定性也会受到影响。随着温度的升高，水的蒸发量增大，径流量持续减少，导致河流污染状况严重，污染物分解速度也加快，严重影响了我国水资源的总体质量。

五、气候变化背景下水文水资源的工作方向

在全球气候变暖的背景下，我国水文水资源的工作发展应有个清醒的认识。首先应正确判断我国水文水资源的实际状况。从近年来不断增加的水灾害现象可以说明，我国水资源对气候变化比较敏感，也说明我国水资源在气候变化面前适应能力较差，当出现洪涝灾害、干旱和水资源短缺等现象时不能自我调节和缓释；因此，水文水资源工作应接收到这一信息，认识到其适应较差、脆弱性强的事实。找准改变这一事实的努力方向是第二个工作。通过加快当前的水利工程建设、建立水资源管理机制、有效利用当代经济发展和科技力量的因素，增强水资源对气候变化的适应性。从拓宽对当前水文水资源的认识着手，监查水文水资源在气候变化下的具体变化，有数据依据、有科学分析地开展各项具体工作，通过加大深入研究水文水资源的力

度和深度，形成科学理论和研究技术的突破，造就更加成熟的科学评价和有效预测管理机制。在规划工程建设的过程中，及时掌握可能面对的困难和问题，如：极端气候的影响，破坏性防治的治理，加强区域内水库、蓄洪区等水利工程的防洪管理，提高供水能力。建立完善一系列的法规制度，加强环境的可持续管理，使用法律手段提升管理水平，维护工作质量。加大科研力量和设备经费的投入，全面提高水资源的使用效率，杜绝浪费现象，达到改善气候变化对水文水资源工作的窘迫局面。

全球气候的变化对我国的水文水资源产生一系列的影响，导致水资源在全球范围内的重新分布，水资源的总量也发生变化，进而影响到我们的生态环境、经济发展和人类生存。关注气候变化，为环境保护、生态稳定做出一份努力是每一个公民应尽的义务和责任。积极探究气候变化对水文水资源的影响，推演水文水资源发展的自然规律，有助于我们更好地保护生态平衡，与自然和谐相处。

第二节　水文与新时代水资源

中国是一个用水大国，虽然水资源总量丰富，但是由于人口基数庞大，导致"僧多粥少""旱涝不均"的局面。在新的历史时期，中国的治水主要矛盾已经发生变化，如何合理地开发利用和管理保护水资源，已经不再仅仅依靠规章制度和人力管理，更多的需要科学的技术支撑和完善的信息化手段。因此，水文在解决新时代水资源问题中发挥的作用必不可少。

中国是一个人多水少，水资源时空分布不均的国家，其降水量从东南沿海向西北内陆递减，呈现出"五多五少"的特点。我国虽然水资源总量丰富，但是人均占有量少，且在地区上分布不均，年内、年际变化大，与耕地、人口的分布不相匹配。我国水资源总量位居全球第6位，人均水资源占有量却仅为世界平均的1/4，排世界第110位，被联合国列为水资源脆弱国家行列。

合理地开发、节约和保护水资源，实现水资源的可持续利用发展，是国民经济和社会发展的需要，也是解决我国新时代水问题的迫切需求。

一、我国新时代水资源问题分析

当前，我国治水的主要矛盾已经从人民群众对除水害兴水利的需求与水利工程能力不足的矛盾，转变为人民群众对水资源、水生态、水环境的需求与水利行业监管能力不足的矛盾。如今，在一代又一代人的共同努力下，我国兴建了一批重大水利工程，包括三峡工程、南水北调工程、丹江口水利枢纽工程、白鹤滩水电站、溪洛渡水电站等,不仅极大地解决了曾经"除水害、兴水利"的需求,而且建成了全世界最大装机容量的水力发电站,实现了四大江河之间"四横三纵"的总体布局,并完成了国家"西电东送"骨干工程。

如今,新水问题常态化、显性化成为新时代治水主要矛盾和矛盾的主要方面。老水问题将长期化,并伴有突发性、反常性、不确定性等特点,对人民群众的生命财产安全具有直接、重大威胁。如何准确把握新的治水矛盾,合理开发利用水资源,实现水资源可持续发展,是当前我们面临的一项重要任务。

二、我国水文工作与水资源管理的关系

水文是为解决国民经济建设和社会经济迅速发展中的水问题提供科学决策依据,为合理开发利用和管理水资源、防治水旱灾害、保护水环境和生态建设等提供全面服务的一项工作。在新的历史时期,水文工作赢得了水利部、各级政府和有关部门的多方关注和重视。机构改革之后,水利部下设水文司,为水利防汛抗旱等工作发挥尖兵和耳目的作用。

当前,我国区域人口增长、社会经济发展使得水资源供需矛盾成为全球性普遍问题。中国作为发展中大国,水资源开发利用和管理中存在着许多问题,诸如水资源短缺对策、水资源持续利用、水资源合理配置、水灾害防治以及水污染治理、水生态环境功能恢复及保护等目前已成为亟待研究和解决的问题。而水文对水资源的开发、管理、节约、利用、保护的积极作用已经越来越明显,是解决水资源问题不可缺少的重要助推力。

三、水文对解决新时代水资源问题的重要性

（一）在水资源工作中发挥基础性作用

（1）提供科学决策依据,在防汛抗旱工作中发挥积极作用。水文部门及时提供雨情、水情、墒情等信息,提前进行准确预报,为防汛抗旱的科学调度决策发挥了重要作用,保障了人民生命和财产的安全,从而有效遏制了水资源流失、水旱灾害的发生。水文是防汛抗旱的尖兵和耳目,其中水情部门更是防汛工作的"情报部"和"参谋部",水文工作的多样性奠定了其在水资源工作中的基础性作用。

（2）提供新的服务,对水土保持监测和分析工作作出贡献。我国是世界上水土流失最严重的国家之一,及时准确地了解水土流失程度和生态环境状况十分关键,水文部门积极开展水土保持监测和分析工作,对预防水土流失,保护水资源具有重要

意义。按照"节水优先、空间均衡、系统治理、两手发力"的治水新思路，水文的服务领域得到进一步拓展，水文的基础性服务作用更加突出。

（3）发挥自身优势，在应对突发性水事件中起到的作用越来越大。我国突发性的山洪灾害和水污染事件频繁发生，造成的水资源损失和社会影响也越来越大。针对紧急情况，水文部门能利用自身优势快速反应，全国共有 34 个地（市）级水文机构实行了省级水行政主管部门与地（市）政府双重管理，40 个县（市）级水文机构实现了地（市）水文机构与县级政府的双重管理，当遇到突发性水事件时，能第一时间开展山洪调查和水体监测并提供数据以供上级决策，加强了调查结果的可靠性，对灾害的定性起到了非常关键作用。

（二）在解决水资源问题上提供技术支撑

近年来，我国水文行业发展良好，各级政府及上级领导对水文工作者在基层的付出和贡献给予了充分肯定，各地通过多种渠道加大了对水文事业的资金和人员投入，极大地推动了水文行业的技术进步和人才培养。

我国的水文事业在水文站网规划布设、水文测验、水文情报预报、水文分析计算、水资源调查评价、水文科学研究等方面取得了巨大成就，为历年防汛抗旱、水工程规划设计及运行、水资源开发利用及管理、水环境保护和生态修复等关乎国民经济建设和社会发展的工作发挥了巨大的作用。

随着水资源管理的任务越来越重，水资源问题日益突出，水文部门的作用越来越明显。为了有效保护水资源，实现水资源的可持续利用发展，水文部门积极做好水功能区的监测，开展水文勘测、水权转换研究、水平衡测试、水量水质综合评价试点、水资源论证和防洪评价等工作，为江河治理和水资源可持续开发利用提供了技术支撑。

四、水文对解决新时代水资源问题的对策

加大水文信息化建设人才培养。水文水资源是社会经济发展的关键构成部分，信息系统获得了广泛利用，从本质上提升了水文水资源发展水平及管理效率。水利信息化建设关系着我国水利事业的长远发展，有利于解决新时代水资源问题，只有拥有专业化、精细化、统筹化能力的优秀人才，才能挑起信息化建设的"大梁"。然而，目前我国信息化建设水平明显不足，与发达国家先进的信息化建设模式和较快的发展速度相比，呈现出起步晚、专家少、底子薄等特点，其中信息化人才培养模式不完善，直接导致信息化人才匮乏，是制约我国信息化发展的主要因素。

当前我国信息化建设既需要"引进好人才"，也要"出去看世界"，在引进高级信息

技术人才的基础上，铺设利用现有信息化网站，选拔技术落后区域的水利单位优秀员工跟随引进人才进行培训、学习；对于已经具有某方面专业技术的人员，不可"捡了芝麻丢了西瓜"，要在打好本职业务技能底子的基础上，循序渐进地学习新的信息化知识，力求保证人才不流失、老手带新手、先进的帮扶落后的。

完善水文站网建设。我国的水文站网密度较低，且低于世界平均水平，仅为北美、欧洲的 1/2 左右。水文站网的发展关系着水资源工作开展的难易程度，并与当地经济水平呈正相关。我国的水文站网大多年代久远，从 20 世纪 50-70 年代沿用至今，并且受到当时工程技术水平和人员思想意识的限制，当初设站的目的主要是为水利工程建设和大江大河防汛服务，在水资源配置、管理、利用、开发、保护上的功效明显不足，不能对解决新时期的水资源问题发挥显著效益。因此，加强水文监测站网建设，并推进水资源监控管理系统、水库大坝安全监测监督平台、山洪灾害监测预警系统、水利信息网络安全等方面的建设工作，对推动建立水利遥感和视频综合监测网，以基础设施和技术支撑推动水文行业发展，从而加强水资源配置管理，解决新时期水资源问题具有重大意义。

加大水文行业监管力度。当前我国综合国力显著增强，人民生活水平不断提高，对美好生活的向往更加强烈、需求更加多元，已经从低层次上"有没有"的问题，转向了高层次上"好不好"的问题。就水利而言，过去人们的需求主要集中在防洪、饮水、灌溉；现阶段人们对优质水资源、健康水生态、宜居水环境的需求更加迫切。相较于人民群众对水利新的更高需求，水利事业发展还存在不平衡、不充分的问题。水文行业应严格遵守习近平总书记"既要绿水青山，也要金山银山。宁要绿水青山，不要金山银山"的指导思想，要认识到"绿水青山就是金山银山"。

要加强对水资源的监管、水文工程的监管、水土保持的监管、水文资金的监管、行政事务工作的监管等，并从法制、体制、机制入手，围绕节约用水、河湖管理、小水库安全度汛、水生态环境保护、农村饮水安全巩固提升和运行管护、水利脱贫等方面加强监管，集中力量打好攻坚战。

其中，要重点加强水文行业监管力度，在水质监测、江河湖库监测上做到全面监管、严肃追责，压实河长湖长主体责任，建章立制、科学施策、靶向治理，对于水污染、过度开发、围垦湖泊等问题进行严厉打击。全面监管"盛水的盆"和"盆里的水"，既要管好河道湖泊空间及其水域岸线，也要管好河道湖泊中的水体。以"清四乱"为重点，打造基本干净、整洁的河湖，为维护河湖健康生命、保障水资源的可持续利用发展提供全面的保障。

第三节　水资源配置下的河流生态水

为促进区域内水资源可持续性利用，对河流生态水文演化展开分析，提升水资源配置的合理性显得尤为重要，但是从当前许多城市水资源配置应用的现状来看，却对河流生态水文有所忽略，以致对河流生态水文系统造成较为严重的影响。基于此，本次首先对水资源配置和河流生态水文系统做简单的概述，然后选择辽宁本溪太子河作为研究对象，探讨该河流在水资源合理配置下的生态水文演化特性，希望通过此次研究能够为水资源的合理开采利用提供参考，促进河流水资源的可持续性利用。

在完整的生态系统之中，水资源是各生命要素生存发展的根本，为了能够更好的研究河流生态水文演化，在不影响河流生态系统的前提下，最大限度的开采和利用水资源，以此来满足区域内对水资源的需求，首先还需要研究水资源与各生命要素之间的相互关系，增进对河流生态水文系统的了解和认识。

一、水资源配置及河流生态水文系统

（一）水资源配置

水资源配置主要指的是在一定的区域范围内，对水资源进行科学的调配，以提升水资源的利用效率，促进区域经济发展。但在水资源配置的过程中，应注意坚持以可持续性发展为基本原则，不能在水资源开采应用过程中造成水生态系统破坏，出现过度开采地下水资源，加剧水资源污染的情况发生。

（二）河流生态水文系统

所谓河流生态水文系统实质上是一种复合形式，是一种河流水文系统和生态系统的结合，其主要针对河流的地下水位、河道径流、河流生态等展开研究，通过对河流水文特征的变化分析，来研究河流的生态演化规律。而在明确河流生态水文演化规律之后，对水资源的开发配置将变得更加高效，同时有助于维持河流生态水良性发展，降低水资源开发应用过程中对河流生态环境的影响。

二、太子河水文特征与河流生态之间的关系

（一）太子河概况

太子河属于辽宁本溪市境内较大的河流之一，贯穿本溪市境内，本溪境内河长

168 km，流域面积 4 428 km2，被本溪市居民热情的称之为"母亲河"，成为现代本溪市发展用水的主要来源。但从太子河历年来河流生态的演变来看，由于水资源配置利用缺乏科学性，使得其河流生态系统逐渐变得恶劣，不仅水质严重下降，受污染程度大幅上升，且在水量上也呈现出了下降的趋势。

（二）水文特征促进河流生态演变

1. 水文特征反应河流生物结构演变

在整个河流生态演变中，水资源是其中主要的驱动力，当水资源的一些特征发生变化之后，将会对河流的整个生态演变过程产生较大的影响，尤其是河流中的生物结构。从太子河历年发展演变情况来看，受水污染影响、水量下降影响，河流内水生物种类和水生物数量都呈现出下降的趋势。

2. 水文特征反应河流的自修复能力

相较于一些处于静态的水文生态系统，河流生态水文系统在自修复能力上明显更强，河流内水资源处于不断流动的状态，区域内水源的更新速度较快，这也在很大程度上促使河流表现出较强的自修复能力。在此因素影响下，对于一些污染较为严重的河流，在将其污染源切断之后，河流往往能够在较短的时间内恢复，但河流的自修复能力、自净化能力往往有一定的极限，当超过该极限之后，河流水生态系统在自恢复上将变得较为困难。因此在当前水资源配置应用过程中，应充分重视污染源控制，降低生活污水、工业废水等的直接排放，以避免影响到河流生态水文系统。

3. 水文特征反应河流整体生态环境

对于自然生态系统而言，各自之间存在着必然性的联系，如：流域内陆地生态系统遭遇较大的破坏，植被被大量砍伐、产生废物废气废液过多等，必然会对河流生态水文系统造成较为严重的影响，如植被砍伐引起水土流失，使得河水资源浑浊；未处理污水排放过多，使得河流水资源出现富营养化特征。河流的水文特征在很大程度上反应出流域范围内的整体生态环境。

4. 水文特征反应河流生态环境的动态平衡

对于河流生态环境而言，都存在着一个动态的平衡状态，当其遭受外界干扰或影响时，河流生态环境会做出适当的调节，以适应外界环境的干扰或影响，从而使河流生态环境不发生较大程度的改变。但河流生态环境的动态平衡存在一定的极限阈值，当外界环境对河流生态环境带来的影响超过该阈值之后，便会对河流生态环境带来较为恶劣的影响。基于此特点，当前在对太子河进行水文监测的过程中，应注意从所得的数据信息中掌握河流的动态平衡极限，并设置有效的预警参数值，确保河流水文特征能够始终保持较为良好的状态。

三、基于河流生态水文演化的水资源配置策略

考虑到河流生态水文系统中具备的自修复能力和动态平衡特性，在进行水资源配置时应充分结合其特性，采取更为合适的配置策略，从水资源产权完善、水利工程科学建设以及生态水文环境综合治理等方面入手，从具体来看主要可以采取以下措施：

（一）在流域内建立完善的水资源产权

从辽宁本溪市的水资源环境来看，其存在着较为严重的水资源不平衡现象，西部区域受经济发展影响，对水资源的需求相对较多，但西部当前可供开采水资源量却存在不足。基于此种情况，为了不影响到河流生态水文的健康发展，在对水资源的配置上可以在流域内建立完善的水资源产权。以太子河为例，可以在东西部流域内分别建立对应的水资源产权，由于东部区域对水资源的需求量相对较少，现可供开采应用水资源存在一定的剩余，因此在发展过程中可以采取出让部分水资源产权的形式，以此既能够促进本溪市西部区域的经济发展，又能够通过水资源产权转让来让东部区域获取一定的经济利益，进而带动东部区域的经济发展。从而实现对流域水资源的合理配置开发，在不影响河流生态水文系统的前提下，完成对水资源的最大化开采与应用。

（二）科学建设水利工程

科学建设水利工程，有助于实现对水资源的高效应用，有助于形成对河流生态水文的保护，实现区域水资源的可持续性利用。如：通过修建蓄水工程、引水工程，可将多余的水资源进行存储；通过污水处理工程、回用工程，可实现对水资源的净化处理和循环利用，通过这些方式都能够提升水资源的利用效率。

以地表水应用为主。地表水在再生性上相对较强，通过雨水能够较为快速的构建水生态循环，为此在基于河流生态水文健康发展的基础上，建设水利工程时应当尽量以水库、地下截水墙等水利工程为主，以此来有效拦截和存储地表水资源，使其更好的为区域发展所应用。太子河先后建设了关门山水库、汤河、蓑窝等水库，在很大程度上促进区域地表水的应用，但由于建设时间较长，与当前城市发展建设契合度较差，对城市建设发展带来的作用较为有限，基于此在本溪市发展建设中，还应结合太子河当前实际情况，在不影响河流生态环境的情况下合理建设水利工程，从而进一步提升对水资源的利用效率。

以地下水应用为辅。地下水主要被分为两种类型：浅表地下水和深层地下水。浅表地下水在再生性能上相对较强，在应用中可适当对之做出开采应用，由此对河流生态水文系统的影响较小；而深层地下水其形成时间通常较为长久，在开采应用之后很难重新恢复补充，因此应杜绝对此种水资源的开采。基于此，当前在水利工程建设中，应适当控制浅表地下水开采工程的数量，同时加强水文监测工作，尽可能维持浅表地下水开采量和生成量的平衡。此外，应严格杜绝建设深层地下水开采工程，以保证流域内水资源的循环利用。

（三）强化河流生态水文综合治理

河流生态水文系统在演变的过程中，存在着动态平衡特性以及阀值性，当外界环境污染过于严重时，将会对河流生态水文系统的可持续性发展造成较大的影响。但是从当前本溪市太子河的实际情况来看，近年来受污染程度明显增大，使得河流生态水文系统进入到衰退阶段，对区域水资源的开采应用已造成较大的不良。首先，太子河受上游区域水土流失问题影响，本溪市境内河道、拦河闸坝、水库工程等淤积较多的泥沙，影响到对资源的实际蓄存能力，面对此种情况在水资源配置管理中，应定期对太子河流域中的河道、拦河闸坝、水库工程等采取清淤措施，提升其实际蓄水存储能力。同时应与太子河上游区域取得联系，加强植树造林工作，减少水土流失，促进河流生态水文系统恢复；其次，加强生活污水、工业废水的排放监管，从源头上控制太子河水资源污染源，发现污水乱排放情况，及时做出惩处。在控制污染源之后，能够让太子河充分发挥自净化能力，从而让河流水污染得到控制，使河流水生态环境朝好的方向转变。

综上所述，在现代城市发展建设中，水资源是十分重要的组成部分，对其进行合理配置更是城市健康可持续发展的重要基础。与此同时，在水资源配置中，还应充分考虑河流生态水文系统的演变情况，掌握河流生态水文系统的自净化能力，把握河流生态水文系统的动态平衡调节特性，合理规划河流水资源的应用，从而在不影响河流生态水文环境的前提下，最大程度开发利用流域内的水资源，促进区域经济的快速发展。

第四节　生态水文理念与流域水资源

人类生存和发展的过程中，水是其中最重要的资源，随着我国经济的发展，水资源短缺问题更为突出，对我国区域经济的发展有着明显的制约影响。因此，在当今社会中,节约保护水资源已经成为重要的研究问题。如若想要良好地解决水资源短缺问题,相关工作人员应该强化水资源评价工作的研究,并提高重视,对水资源的特点、分布进行深入分析,科学合理运用生态水文的理念,对水资源配置进行优化,从而在规划流域水资源的过程中,可以提供准确的依据作为参考。

一、流域水资源评价工作中的问题

评价水资源的工作始于 19 世纪,随着经济全球化进程和城市化、工业化建设等工作的不断加快,在水资源使用中有着越来越大的压力,因此,在当今时代中,水资源评价工作成为相关管理部门最为重视的问题。美国等一些发达国家有几个进行过多次水资源评价,从而实现了科学控制国内的水资源,我国在水资源评价项目方面,还处于起步阶段,我国展开水资源评价项目是从 20 世纪末期才开始,因此,我国在评价水资源工作中,仍然存在些许问题,同时因为我国的生态环境逐渐恶化,从而导致水资源会受到多种因素的影响,无疑也增加了水资源评价工作的困难。

(一)水循环模式变化

我国进行评价水资源工作中,多为采取"一元一静态型"的模式,主要通过专业设备获取流域水文环境要素,在此之后对数据进行整理,将人类活动因素剔除,还原原本流域水资源。基于人口快速增长和经济飞速发展,人类活动、工业化建设等,都已经将大自然的水循环模式改变,从而促使自然水循环过程体现出二元特征,首先增加了水资源的驱动方式,在水资源驱动过程中增加了人工驱动的方式;其次,原本的自然水循环变成人工加自然水循环的方式,水循环的过程开始受到人类活动的影响。在评价流域水循环中的循环参数更多,需要综合考虑气候、土壤、地貌等多方面的自然因素,还要考虑在水域流域之内经济的实际发展情况。

(二)流域水资源评价方式的问题

1.地表与地下水资源评价相分离

可以对水资源循环产生的因素有很多,如径流量、降水、地下水等等,但不同形式的水资源也会进行相互转化,存在双向的转化特征。因此,应该以双向评定要求进行水资源评价,同时需要统一评价水资源质量、地下水资源、水资源含量等。在实际评价水资源的过程中,多数都是将地表与地下水资源相分离,这种单独评价方式将两种水资源的联系打破,从而降低了水资源评价的有效性,增加了配置水资源的难度。

2.缺乏完整的水资源评价时间表

在水资源的变化过程中,具体变化情况与时间之间存在密切的关系,在不同的时间段内，流域水资源会呈现不同的规律，主要是在水资源分布和水资源总量方面，在当今实际进行水资源评价的过程中，一般都会使用多年水资源变化的平均值，进行区域中水量和水质的判断，但是没有在某一个月的时间段内，对水资源的变化数据记性评价，采用平均值进行评价产生的数据较为片面，很难形成全面的水资源规划指导工作。

3. 忽略了水资源分布规律

一般情况下，在评价水资源的过程中，工作人员多会采用集总式的方式，从而对于某一特定区域的水资源分布规律则呈程度的忽略。集总式分析的方式主要存在两方面的弊端：

首先，没有充分考虑区域中水文要素之间的差异，从而出现片面性的计算结果；

其次，无法对水资源的演变过程形成动态的反应，将水资源在空间方面的特征忽略掉。

二、生态水文理念下流域水资源评价方式

（一）更新传统水资源评价模型，统筹地下水与地表径流的关系

可以采取方面措施来了解地下水与地表径流分离的情况。首先，对地下水、地表水资源的关系进行充分的考虑，建立二元评价模型，以此模型为基础，将两者之间的关系进行合理化统筹，从而提升水资源评价工作的合理性；其次，采取双向评定的方式，明确不同形式水资源的联系，对水资源的变化形成良好的掌控。

（二）以全面详尽的基础数据为依托，构建完善水资源时间评价表

在实际水资源评价工作中，必须要将评价所产生的数据全面收集，对水资源的配置方式进行科学规划，以时间尺度之间的差异为基础，对水资源的规律进行合理的总结。在对多年和每年的降水量分析的过程中，应该利用差积曲线，首先将不同分区多年的平均降水量、差异性频率的年降水量计算出来，然后再对整个区域进行计算，从而提高水资源评价工作的效率和质量。

（三）重视水资源分布规律和评价方法

在水资源评价工作中，通过集总式分析的方法，找到其中存在的问题，基于生态水文理念下，工作人员要对水文水资源分布规律提高重视，对可能对水资源分布产生影响的水文要素、因素等进行充分的考虑，对水资源评价的方法要提高重视，如此，才可以得出更为接近真实数据和全面的计算结果，同时还可以更加精确地得到

动态反映水资源的演变过程，清晰反映出水资源空间方面的特征。如若想要提高水资源规划的合理性，就必须要提高评价水资源的质量和效率，对水资源实现统一配置，从而最终促使水资源可以形成可持续开发和利用。

（四）创建水资源评价系统，还原真正参数

在传统水资源评价过程中，多以"一元一静态型"评价模式开展工作，但其中忽略了人类的活动内容，进而最后得到仅代表自然对水资源的影响。人类活动、自然水循环两者之间的影响没有考虑。如果在人类活动不明显的情况下，这种方式还可以适用，例如，在研究陆地与海洋水循环的过程中，海洋水循环过程在其中的作用比较突出，因此就可以应用"一元一静态型"模型进行研究。但如果是对于人类活动较多或者是在我国缺水流域进行水资源评价工作中，则不能应用该模型。因此，针对这种流域就需要应用"二元演化"模型进行。这种模型可以在分析的过程中，将天然水循环过程与人类活动进行统一，工作人员需要在实际运用该模型相关的理论过程中，对还原参数进行不断更新，进而筛选出更为合理的还原方式，有效将水文渐变过程反映出来，找到水资源分布的规律，将未来时段中水资源的变化过程合理预测出来。

（五）以先进的科学技术手段，革新水资源评价方式

当今时代中科学技术飞速发展，从而也带动了水资源评价方式不断增加，例如，大尺度分布式型水资源分析模型就已经被广泛应用，该模型具有明显的优势，不仅可以对不同大小流域的径流变化过程进行动态的模拟，还可以有效体现出水文环境、自然环境的变异特征，尤其是近些年来智能系统的发展，如 GRS、GIS、RS 等技术的应用，从而有效降低了水资源评估工作的整体难度，通过这些先进技术的应用，不仅可以帮助工作人员有效获取相应水资源下垫面的变化，同时还包括气象、水文要素等等多方面的数据，从而衍生出 WEP-L 物理评价模型，这种模型是综合了 GRS、GIS、RS 三中系统，将自然水循环、人类活动形成完美的结合统一，从而可以更为全面准确地反映出水资源收到人类活动的影响，充分、全面地考虑水资源的分布规律，对时间分布、空间分布之间的关系可以更好的协调。

综上所述，我国经济发展过程中，水资源短缺是其中重要的问题，因此，如若想要提高我国水资源的整体利用率，对水资源配置实现良好配置，必须要提高对水资源评价方式的重视，实现科学配置水资源，在水资源分析中，融入生态水文理念，更好地构建出健全的水资源评价系统。

第五节　水文对水资源可持续利用

我国的水资源分布状况属于时空分布不均,所以在我国现代化的建设过程当中,可持续利用水资源一直是不可忽视的重要问题之一。我国的人口数量、工业生产规模以及城市的规模在不断扩大,因此水资源匮乏这一问题受到人们的广泛关注。基于此,应当探讨如何合理开发水资源,找到可持续利用水资源的途径,在世界人口的增长过程当中,人们对于水资源的需求也是不断增加的;因此,如何合理利用水资源会关系到一个国家对于未来的规划和进一步发展的战略。本文就水文对水资源可持续利用的重要性做简要探讨。

水是我们生活的根本,是生命的源头,因为人体的70%都是由水构成的,所以在人们的生活和生产过程当中起着非常重要的作用。尽管在我国有着较为丰富的淡水资源,但是我国的人口基数大,所以人均水资源非常稀少。然而在21世纪的今天,面临着同样一个危机就是水资源匮乏,因为无论是发展工业、农业还是生活,对于水资源的可持续利用都具有非常高的要求。

一、水文与水资源可持续利用关系的概述

(一)水资源管理

据相关调查可知,尽管我国水资源位居世界第六,属于蕴含丰富水资源的国家,但是人口基数非常巨大,因此人均水资源远远低于世界的平均水平。又由于我国的水资源时空分布非常不均匀,夏季多雨,冬季少雨,南方多,北方少,所以就使得我国的西部以及一些北方地区都有严重的缺水问题。而缺水问题会对当地居民的生活和生产带来非常大的不便利,还会影响到经济的正常发展。基于此,为了解决西部和北部地区的缺水问题,必须要通过分析水资源的管理找到途径,这样才能够使得水文和水资源可持续利用的关系更加的密切。

(二)水文促进水资源可持续利用

水资源可持续利用和水文工作存在着非常紧密的联系,因为水资源可持续利用的水平能够在科学的水文工作辅助之下得到有效的提高。与此同时,我国各种探测技术也在不断地发展,所以,水文探测工作的信息化水平有了非常明显的提高,在水文工作当中,通过信息化这一服务能够奠定一定的技术基础。建立和完善现代化的水文监测系统,能够有效地提高水资源管理工作的质量和效率。因此,想要提高水资

源管理工作的水平,必须要完善基础设施,这样才能够将各种管理工作落实到位。

（三）水资源可持续利用对于水文工作的要求

为了让水资源得到可持续的利用,对于水文工作提出了更为严格的要求,首先水资源的基本信息是不断变化的,因此相关部门必须要及时掌握这些信息。不断提高水文工作的信息化水平,这样才能够掌握水文的基本状况,让水文工作能够获得高效率的探测结果。其次要建立较为完善的水资源在线监测系统,这样可以实时监测,并且不断完善水资源管理的需求。最后要根据我国水资源工作的实际内容来扩大范围,毕竟水资源管理工作量是比较大的,所以为解决这样一种情况,必须要做好基础设施的建设工作,这样才能够奠定好后续工作的基础。

二、我国水文水资源利用的现状

水作为我们生活当中不可缺少的物质,具有可再生性和自净的能力,在水循环以及水平衡的过程当中,对于生态环境的稳定起着非常重要的作用。我国自改革开放以来,就已经探索了水文学以及水资源等方面的工作,但是受到了单个学科的限制,因此所获得的研究成果在综合性和系统性这两种方面还存在着不足之处,而获得的实际情况是不适应我国当前社会经济的快速发展以及自然环境变化的迫切需求,这就意味着首先要通过多个渠道来收集学科和领域里的数据,再根据这些庞大的信息,建立完善的先进信息化水文系统,这样就可以借助这一系统实现科学合理地开发我国的现有水资源,保护并改善赖以生存的自然环境,促进环境的循环利用。

三、水文工作对水资源可持续利用的重要意义

（一）提供可靠的依据

为了能够在现实生活当中更好地实现水资源的可持续利用,必须要获得相应的技术支持,因为在信息工作中得到有力的保障,就意味着能真正做到抓牢工作中的重点,实现水资源的可持续利用。水文数据的信息管理工作,要能够为其他的工作人员提供便利的信息服务,信息化的服务能够帮助工作人员进行更精准的实施,真实提供当前水资源的实际状况,同时还能够分析当前水资源如何通过一些措施来实现可持续的水资源管理。因此,在当前的信息化时代背景下,针对水资源的规划,可以建设水文信息系统。

（二）提高水文工作的管理水平

其实水文工作有两部分的内容,包括预测和监测。首先可以通过精准的水文预测,帮助防洪抗旱的工作得到顺利的开展,进而可以提前对国家发生旱涝的相关信

息有一定的了解，这样才能够做好准备的工作，可以在一定限度上防止旱涝所造成的各种危害。与此同时，为了能够可持续管理和利用水资源预测，可以采取预防措施。另外，水文监测工作开展的实质就是为工作人员提供实时的情况，包括水资源的分布和变化，这样可以有效管理全国的水资源，所以有着积极的作用。通过水文监测能够评价水资源整体的状况，在充分了解水体情况的基础之上，制定出科学、合理的调整方案，这样就可以实现水资源的可持续利用。

四、水文为水资源可持续利用提供的具体对策

（一）建设水文站网

可以建设监测旱情的网站，这样可以完善体系。因为我国的地形地势，使得我国的绝大部分地区常常会受到季风气候的影响，出现干旱、少雨的恶劣天气状况。在这种背景下，建设旱情监测网站就可以对于即将出现的旱情进行精准的预报，能够做好充足的准备，可以在一定限度上避免很多的损失，进而就可以更合理利用水资源，及时制定防旱抗旱的决策，为这些决策提供较为准确的数据。还能够让相关的部门及时掌握我国各大流域内的水文形势变化状况，然后根据这些实际情况建设出具有完善功能的水文预报站。其实我国还在不断完善水文的网络工作，因此现如今的水文网络变得越来越稳定，不仅能够为我国的所有河流在一般汛期和主要汛期的发生情况提供最真实可靠的数据，满足水文工作者在实际工作当中的要求，还能够进一步提供有关于各流域水文信息的各种预报服务，最终就能够保障抗旱防汛工作的顺利开展。除此之外，建设水文站网还能够保护现有水资源的实际需求，进而适当调整水质监测网站的功能。毕竟水质是水资源的重要组成部分之一，因为在当前的时代下，工农业快速发展，城市经济也在发展，所以水污染的问题非常严重。在这种情况下建立水质网络的工作，首先，要能够了解每个流域内水资源在管理过程当中的实际需求，其次，结合真实数据，进行针对性的水质网络优化，再通过进一步的研究，进行综合性的分析，这样才能够提高这一地区水质的自动监测能力，让监测人员能够及时接收到有效的数据，借助这些数据，制定出完善的保护政策，进而可以保证水质，满足人们在日常生活和工业生产当中的大量需求。

（二）建设水文信息化平台

在整合现有水资源实际信息的基础上，建立完善的水文信息平台，通过收集一些水资源的相关数据，进行认真分析和调查，利用这些数据信息记录和编制下一步的工作。按照水文建设信息化的发展过程可以得知，水文的预测能力明显提高，水资源的可持续利用更加便捷。其次，对于水文数据，要能实现资源共享，这样也可以提高

水文平台的服务能力，通过各种各样的水资源数据来完成信息的共享，就可以让所有的服务部门都能够按照信息管理系统来找到自己想要的信息。除此之外，让网络建设和数据库管理融为一体，就可以不断壮大水文信息化的队伍，不断改善水文水资源的信息流，相关的部门能够依据社会在发展过程当中的需求找到合适的信息，提供更全面的水资源数据。

（三）做好统筹规划

为了让水文能够更好地为水资源可持续利用而服务，首先要加大科技的投入力度，使用信息化的手段来开展各种各样的水文监测工作。与此同时，还要加强对相关工作者的培训力度，只有让他们都尽快掌握最新的技术，才能提高监测水平。其次，更重要的是做好水资源的管理工作，尤其是水质的保护以及水资源的节约。另外，还要加快水资源体制改革的脚步，对于地方的行政管理体制改革也要进行进一步的规划和调控，这样才能够让水资源管理体制更加完善，让我国的水资源管理工作能够满足当前形势下社会发展的要求。当然，还要加快建设城乡可持续利用水资源一体化，统筹供水节水以及建设水源地等工作，这样可以让我国的水资源得到可持续利用。由于全球变暖是暂时不会改变的现状，因此可以定期组织开展有关水资源可持续利用的研究，不断研发先进的节水技术，并将较好的研究成果推广到实际生产应用当中。

在我国经济发展和社会进步的过程当中，水资源是必不可少的资源，但是人口数量也在随之增长，所以水资源匮乏的问题也越来越严重，必须要提高水资源的管理工作水平，让水资源能够可持续利用。必须要做好水文工作，因为水文工作能够保障水资源的可持续利用，所以要充分发挥水文工作的监测基础设施建设以及信息化服务的作用，不断提高资源管理水平。

第六节　水文与水资源工作面临的挑战

目前，我国社会和经济不断发展，已经成为世界第二大经济体，各类产业发展势头良好。良好的经济发展背后带来的环境问题，却成为了一个重要挑战。所以，要对环境问题加以关注。水资源对于经济发展、生产生活具有重要作用，而目前水资源方面频繁出现问题。作为经济产业发展必不可少的资源，水资源的价值和重要性不言而喻，因此必须加强对水资源的管理和利用。本节根据目前水资源的发展现状，详细分析和阐述水文与水资源工作面临的挑战，希望可以对加强水资源的保护和利用提供帮助。

改革开放 40 年来，我国经济发展势头良好，各产业不断优化升级，各行业不断发展，中国的经济实力正在增加。但是，在经济高速增长之后，出现了很多问题，必须正确面对。譬如，经济发展带来的环境问题，特别是严重的水资源问题。水资源是人类生存的基础，也是保证经济生产生活顺利进行的前提。因此，分析水文水资源中存在的问题，根据实际状况制订有效的解决方案，同时加强水资源的管理和保护，减少不必要的水资源浪费和污染，不过度开采地下水，以改善当前水文和水资源面对的不良状况。

一、水文与水资源工作面临的挑战和困难

（一）水资源污染情况日益严重

随着经济发展、工业生产水平提高和人口的增加，水资源需求越来越大，导致水资源严重不足，同时伴有严重的水资源污染。当前，水资源污染从以前的局部发展到整个流域，从地表转移到地下，从河流上游扩散到中上游，从城市扩散到农村，且水污染的成分也变得越来越复杂。被污染的水域除了重金属以外，还有化肥、洗涤剂和农药等有害残留物。许多高污染、高能量消费产业的发展，导致水资源的污染面积和污染程度严重。化学成分和农药成分的污染都属于水资源污染。水具有流动性，被污染的水进一步污染了土地河川，并影响到河川水中的动植物，最终引发食品安全问题。水资源污染的状况日益严重，威胁人类健康，甚至危及生命安全，需重视水资源污染的现象，加强对水资源污染的管理。

（二）水资源减少且地区之间差异较大

我国国土范围广、地形地貌差异较大，因此不同地形区之间水资源的存在量存在明显差异。这不仅是自然条件造成的，而且受到经济发展的影响。在我国地形较为崎岖的山区，受诸多因素限制，经济发展水平较低，产业结构不合理，资源开采和利用没有合理规划，出现了水资源严重短缺的现象。在山区，水资源从上游源头流出后会出现断流现象，导致中下游地区水资源严重短缺，水土流失，植被覆盖率低，土壤、空气被破坏，极易诱发地质灾害。

近年来，我国北方地区水资源量明显减少，其中黄河、淮河、辽河以及海河等最为明显，资源总量约减 12%。北方部分地区水资源严重不足，山地的水资源大幅减少，严重危害了中下游地区的社会经济发展和生态环境。同时，许多河道出现断流现象，严重影响地下水补给，带来严重的土地退化、水土流失和湿地萎缩等生态问题。

（三）过度开采水资源

随着经济的发展，各类产业处于繁荣发展时期，经济水平的物质生活条件都得到了大幅度改善。由于人口基数大，必需的水资源需求量急剧增加，地表水资源的使用增加，地表水资源不足现象严重。为满足水资源的使用，更多的地下水资源被开采。尤其是近年来，随着技术水平的提高，深井数量增加，过度开采和地下水资源的使用改变了地表状态，造成建筑物、道路、工程等发生沉降现象。地下水作为储备水资源，被过度地开采后，地下水位不断下降，对人类未来的生存和发展产生了负面影响。也就是说，水资源特别是地下水资源的过度开采，导致整体的水资源恶化，河流湖泊水量减少，一部分河流甚至已经干枯。

（四）水资源供需失衡导致社会利益冲突

随着全球变暖现象的发生，地表水文的状况受到一定程度的影响：暴雨发生次数增加，水流量减少，水温上升。在一些地区，水资源的结构大不相同。在部分干燥地区和半干燥地区，降水量非常小，加上全球变暖的影响，对系统产生了很大影响。盆地、山地地区，地球温暖化直接升高了温度、加快了积雪的融化速度，但将积雪变换为降雨非常困难。全球变暖对水力发电的运转也有影响。在一些地区发展过程中，水资源发生变化，造成供求不足，进一步限制了经济发展，出现了一些社会利益冲突。

（五）投入资金短缺

水文水资源行业不具备行政功能，收入少，属于社会公益性服务业的范畴，且需要进行现场测定，工作内容重，资金不足。水文水资源的研究力不断增大，但相应的资金匮乏。水文水资源较多的研究项目规模较大，投入时间较长，且需要投入较大的资金，但现状无法支持项目研究。一些研究项目是世界性研究问题，所需经费多，不能在短时间内兑现这些经费。

二、水文资源变化和气候变化之间的关系

水资源作为一种存在于自然界的自然资源，与气候变化有着密切关系，二者之间相互作用。自然界大气中存在许多水分，气候的变化会导致水分发生变化，影响水资源的循环和产生。气候变化可以影响水资源的分布和产生，影响当地的生态环境和经济的发展。当生态环境遭到破坏后，会影响大气环境的变化，从而影响水资源的循环。所以，气候的不规则性导致水循环系统发生变化，从而出现水资源短缺的现象。

为了能够更好地开展水文工作，一定要充分分析影响气候变化的多项因素。影响气候变化的因素具有不确定性和多样性，需加强分析，否则会对水文工作的开展造成阻碍。如果水文和水资源工作不能正常顺利开展，将直接影响经济活动和人类正常的生产生活。所以，在开展水文工作前，要综合考虑影响水分的各项因素，加强对水文气候的了解。为了更好地保证水文和水资源工作的开展，必须分析水资源和气候变化之间的互相作用，剖析影响因素，从而充分利用这些因素来管理水资源。

三、解决水文和水资源工作挑战的举措

开展水文和水资源检测工作有一定难度。检测过程中，水文和水资源处于一个相对变化的状态。因此，为了更好地进行检测，需要随时根据变化情况调整水文参数。为了保障工作更好地开展，必须收集不同地区甚至全球范围内的水文及其资料作为参考，构建一定范围内的水文资料系统，发现水文与气候之间的整体关系，进而指导水文工作的开展。此外，水文工作开展应用的方法和技术，必须根据科技的不断进步而进行改进。

我国在水文和水资源工作中还存在许多不足需要完善，要借鉴做得较好的发达国家的经验和先进技术。要借鉴国外有益经验，同时结合我国的基本国情开展工作，促进我国水文和水资源工作的良好发展。改善水文与水资源工作面临的挑战和困难，可以从以下四个方面出发：

①加大对水文和水资源工作开展在资金投入、基础设施建设等方面的投入力度，保障良好的基本条件，同时加强对工作人员的培养，增强其专业素质和工作能力，在进行实际水文和水资源检测工作前做好实施方案，整体规划工作，为良好开展工作打下基础。要提高器材资金投入，建设相应的水文器材库，定期检查、更新相应设备，提高硬件设备的性能，大大提高水文水资源的生产效率。

②提升水文水资源科技含量。首先，提升通信技术。水文水资源工作信息化不断增加，需构建信息化交流平台，采用先进的通信技术，利用计算机网络技术，使水文信息平台高效运行，高质量完成水文水资源的相关工作。其次，提升自动测量能力，更好地进行监控。可以实时动态监控各地区水体的情况，准确分析；在最短时间内获取大量的数据信息，且信息准确性高，提高了水文信息系统的专业性。最后，提升遥感技术。采用遥感技术可以有效监控各区域的降水量，得到准确的监控信息。检测水文和水资源各项技术后，提交的报告质量要提出行之有效的措施，从整体上提高水文和水资源工作开展的质量。

③水文和水资源的工作是一项长期且工作量较大的项目。必须保证充足的经费，

投入经费渠道畅通,经费投入和使用机制完善。要不断加大政府投入,明确规定水文水资源工作的目标,增加政策扶持,在财政预算中严格制定有关水文水资源的工作经费。根据相关规定要求合理规划水文经费,加大经费投入的程度,监督执行经费问题,确保经费就位。

④强力防治水资源污染。水资源不足的原因不仅有对水资源的浪费,更重要的是水资源污染。因此,为了保护水资源,必须采取一系列措施。要加强并严格控制污染源,追根溯源。把治理污染源确立为根本理念,进行水资源的严格管控和污染防控。目前,各类工业产业的发展较快,产生的工业废水量多,多数废水直接排入了河流湖泊。因此,需提高环境保护的力量,做好基础设施建设,建立立体防治措施,综合管理环境,提高管理能力,有效控制污染物,最终保护水资源提高环境质量。

水文和水资源对于一个国家的经济发展、生产生活有着重要作用。目前,我国水资源方面出现了一系列问题,导致水文与水资源工作的开展面临诸多困难和挑战。因此,要加强对水文工作的重视,加大投入力度,采取措施提高水文水资源的作业质量,使水文和水资源工作地开展更加顺利。

第七节 资源水利与水文科学分析

随着社会经济的快速发展,我国水利工程建设已经取得了明显的进步。现阶段,工程水利逐渐向资源水利发生转变,这也是治水理念的重大变革。文中从水的自然属性以及社会属性方向进行分析,将人类面临的治水问题进行有效的研究。与此同时,将资源水利产生的背景以及必然性进行充分的分析,使得明确水文科学是资源水利的重要理论。基于此,本节就资源水利与水文科学进行科学有效的研究与分析。

在社会的发展,时代的进步中,我国水利工程建设已经有了突出的成绩。在发展过程中水利工程的发展模式也在逐渐发生转变,正朝着资源水利的方向迈进,为我国水利工程的建设发展提供可靠的依据。

一、水的自然属性和社会属性分析

(一)水的自然属性

水能够凭借大气的运动、蒸发、降水的过程中由岩石圈、水圈和大气圈组合形成地球系统,并且能够进行无限循环的运动,这也是水文循环。形成水文循环的主要原因是太阳的辐射以及地球的引力,也是因为水发生固、液、气三种状态,并且进行相互转换而形成的。但是在地球中,水的总量是不会发生改变的,随着时空以及空间的分布情况有所差异,也有可能会出现洪水过着干旱的问题。

水也是良好的溶剂,在实际的实验生产中,很多物质都能够与水发生反应,而水流是重要的载体,在坡面土壤侵蚀以及搬运、水污染物质的扩散等都是在水流的作用下来实现和完成的。若是没有水流,也就不可能出现坡面的土壤流失、河道冲淤以及水污染扩散的变化。

水具有一定的势能、动能和化学能等功效,这也是水发生流动、物质的溶解以及其他物质的动力而形成的。若是将水的能量充分的集中在一起,就能够形成可再生是清洁能源,也就是我们经常所说的水能。

（二）水的社会属性

众所周知,水是生活和生产过程中不可缺少的重要因素,是地球系统有效运行的血液,而水文循环就是地球系统运行中的血液循环。水文循环能够更好的促进时空分布使得地球中拥有丰富多彩的美丽景色。

水分的缺失极有可能导致旱灾或者水荒的现象发生,而水分过多也导致了洪涝以及水害的问题出现;水污染使得环境逐渐走向恶化,使得人们对水资源的需要与水的自然属性逐渐出现严重的不协调。

在现阶段科技的迅速发展中,水资源能够再生,但是其具有时空的变化。所以,人们在进行水资源利用和开发中就需要一定的特定条件来满足,这也是水资源价值的真正体现,也是其价值规律存在的关键原因之一。

水资源若是处理不当,就会出现争水、排洪等现象出现,使得各个区域之间、各个国家之间的矛盾逐渐深化,逐渐成为社会不稳定的主要因素。

二、资源水利产生的背景分析

根据水利建设的发展历程来看,在人口稀少、经济不够达到的原始社会,科技也比较落后,人们居住的区域大多都是沿河地区,在干旱少雨的区域内,几乎就没有人居住。水也曾经被人们认为是取之不尽、用之不竭的资源。干旱缺失水资源也不被人们所重视。在社会经济的不断发展中,人们对水资源才有所认知,但是已经对洪水带来的伤害有了明确的认识。在古代大禹治水,也就是最原始的水利工程项目。

根据我国治水的经验来分析,在我国刚成立的初期,生产力以及对水资源开发的水平都有一定的限制。在这种情形下,人们对水利工程的建设都比较重视,对水有什么样的要求,就进行什么程度的开发,这也将我国水资源的问题有效的解决,也在生产发展方面有了一定的促进作用。但是,从根本上并没有将水资源的问题有效合理的解决。根据现实的情况来讲，洪涝干旱、水资源污染等问题仍旧十分严峻，这种状况下使得人们对治水的理念有了全新的思考，也提出了更高的要求。

三、水文科学是资源水利的理论基础

水文科学具有地球物理学科以及水利科学的性质，作为地球物理科学的一个重要分支而言，主要研究的是水存在分布、运动以及循环的变化规律等特征，将水的物理以及化学特性、水圈与大气圈、岩石圈之间关系分析确切。而作为水利科学的主要组成部分，其主要分析的是对水资源的形成、时空的分布情况以及如何治理、开发、保护等，在此基础上，对水利工程以及与其密切相关的水利计算机技术等进行合理的分析。

随着科技的迅猛发展，经济和人口也在持续上升，使得许多国家和地区面临了水资源问题，对社会经济的快速发展也产生了制约，强化水资源的开发和利用已经成为刻不容缓的解决措施。所以，怎样才能够合理的保护水资源，将水污染问题及时地处理和解决，已经成为人们时关注的重点，也摆在了水文科学的面前，使得水文科学的环境逐渐向水文的方向发展。

综上所述，通过对水的属性、资源水利产生的背景以及水文科学的实际意义的分析能够看出，水文科学是资源水利的重要理论依据。在水资源的问题上，一直以来都是一大难点，也是人们迫切需要解决的实际问题。在未来的发展中，希望水资源的问题能够得到改善，并得到合理的利用。

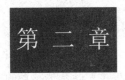 地下水动态监测研究

第一节　地下水动态监测技术的现状和发展

本节通过对智能传感技术的简介以及国内外地下水监测技术的现状与发展的分析，就智能网络传感技术及其在地下水动态监测系统中的实现进行分析和探讨。

在现代信息的三大基础模块中，传感器技术的主要任务是提取被测量信息，通信技术的主要任务是将所提取的信息进行传输，计算机技术的主要任务则是处理被测量的信息，这标志着现代科学技术的巨大跨越。在科学技术飞速发展的时代背景之下，时代发展逐渐趋向于数字化、智能化和网络化，目前，计算机技术结合通信技术，从而产生了计算机网络技术；计算机技术结合传感器技术，就产生了智能传感器技术，将此三者进行结合，于是就出现了智能网络传感技术。根据国家相关标准，地下水的动态监测可以根据局监测变量进行区分，主要可分为对地下水位、地下水温度及地下水水质三个方面的观测。由于具有采集速度快、自动化程度高等优点，智能网络传感器在数据采集方面具有明显优势，不仅能进行自检，还能够完成自动数据处理任务，显著提升监测系统的可靠性的同时，也提升了其响应速度。以下主要就智能网络传感技术及其在地下水动态监测系统中的实现进行分析。

一、智能网络传感技术简介

在科学技术飞速发展的时代背景之下，智能传感器应运而生，由于其较强的感知能力、计算能力以及通信能力，智能传感器逐渐被人所熟知和应用，此类智能传感器构成的传感器网络也逐渐成为社会关注的焦点。此类传感器网络是传感器技术、嵌入式计算技术、分布式信息处理技术和通信技术四者的结合体，在彼此的相互协作之下，可以有效进行实时监测、对网络分布区域内的细节信息进行收集，通过手机和处理这些信息，并传送到需求用户，可以使人们随时随地获取大量具有可靠性的具体化信息。通信技术、计算机技术以及传感器技术的发展逐渐稳定了智能网络传感技术的研究基础。作为独立计算机网络，智能传感网络的基本组成单位是节点，节点集成传感器、微处理器、网络接口和电源，从而传感器具有自检、自校／网络通信等功

能,进而出现了信息采集、处理年及传输协调的新型智能传感器。相比传统类型的传感器,智能网络传感的特点如下:

（1）智能传感功能。由于引入了嵌入式技术、集成电路技术和微控制器等技术,传感器结合了硬件和软件,不仅传感器的功耗降低、体积缩小、抗干扰性能加强,而且传感器多了两项新功能,即自识别自校正功能,以及通过软件技术达到传感器的非线性补偿效果。

（2）网络通信功能。此项功能对系统的扩充和维护十分有利,这是因为应用网络接口技术使得传感器接入工业控制、环境监测等网络更加方便。智能网络传感器的核心为嵌入式微处理器,是对传感单元、信号处理单元/网络接口单元以及电源部分的集成。

二、地下水动态监测技术的现状与发展

欧洲的地下水水量监测源远流长,地下水监测网最早建成是在 1845 年,大多数欧洲国家地下水监测开始于 20 世纪 70 年代。一般情况下,地下水质监测网根据家国需要和水文地质条件决定,除德国外的欧洲国家的监测网,其范围是面向全国的,各国监测目的具有较大变化,监测变量主要包括描述性参数、主要离子、重金属、农药和氯化溶剂五种,每一个国家均具有水质监测取样点的数量、站点高度、记录时间、地质条件等有关的详细资料。

（一）国外研究

美国首次设置地下水数据的贮存与检索系统是在从 20 世纪 50 年代,到了 70 年代,美国对地下水质观测网进行优化设计,直至 80 年代,美国成立了官方的地下水质监测网设计工作委员会,围绕研究地下水质监测网设计的科技成果进行开展,不仅要对具有前景的观测网设计方法进行评价,而且要对地下水位观测网的优化设计进行研究,现阶段,数据库中的全国大部分井泉的长期观测数据已经十分完整了。

早在 70 年代初期,日本已经开展了河流、湖泊等地表水的自动在线监测,不仅如此,日本等发达国家还对城市和企业的污水处理厂排水进行了自动在线监测,主要采用两种方法,一是在线监测,二是间歇式在线监测。测定项目有水温、电导率、氰化物等。到了 70 年代末期,由于地表水富营养化的日趋严重,执法逐渐严格化,加之总量控制制度的逐步加强,自动在线监测项目又增加了 Hg、T-N 和 T-P 等项,可以通过远程传输系统来传输监测数据,可传至各级环保行政主管部门以及环境监测执法部门。

（二）国内研究

近年来，我国的污水处理力度逐渐加大，地表水环境质量得到一定的改善，我国政府十分重视地下水监测。我国最早的地下水监测研究开始于五十年代中后期，当时就已经形成了以国家级地下水监测网为龙头的监测网，该监测网的主体为省、地级监测网，随着第一手监测资料的大量累积，地下水资源评价及开发利用逐渐发展起来，为水资源可持续利用奠定了夯实的基础。直至 2001 年末，全国建立的地下水环境监测点超过 20738 个，监测主要围绕地下水的水位、水温、水质展开，采用人工监测为主要监测方式，主要是采用自动记录仪，由于自动记录仪可以进行数据的长期记录，但要求观测员定期获取数据，还要定期更换电池，没有达到实时监测的水平。现阶段，我国有 1 个中国地质环境监测院，31 个省级地质环境监测总站，217 个地市级监测分站，3000 多人从事地下水监测工作。大多数的监测点主要采用人工测量方法，监测精度难以控制，且监测效率不高，监测数据还远远达不到科研和生产实际应用的相关要求。少数监测孔只能监测水位或水质单项，缺乏与地下水有关的生态环境问题和地质灾害的针对性的地下水监测。

我国在某些常规水质检测仪器的生产研发方面具有一定的潜力，例如通用的实验室分析仪器，包括可见紫外分光度计、荧光光度计、原子吸收光度计等光学类仪器，PH 计、电导仪、电位滴定仪等电化学类仪器，如离子色谱仪、高压液相色谱仪等色谱类仪器，测汞仪、测油仪、COD 测定仪、TOC 测定仪、溶氧测定仪等专用仪器。

通过地质环境的广大工作者不懈努力，现阶段，我国的实际监测工作中，地质环境监测总站向国土资源部有关部门提交的《全国地下水情通报》《地下水动态 5 年研究报告》等研究成果逐步得到实施，这些研究成果为我国环境保护领域带来长足发展，为了规范地质环境监测成果，全国地质环境监测总站陆续制定了《国家级地下水监测技术要求》等相关规程，这也是地质环境监测成果的重要前提，为其发展奠定了基础。

地下水动态监测系统质量评价研究的关键性问题在于评价与设计井网密度、监测井位置及取样频率有关内容，对于点上基础数据质量也要引起重视，同时监测成果的开发利用也不可忽略，现阶段，关于井径与目的层结构相适应的研究还处于萌芽阶段，需要大力发展。以系统状态变量的空间相对连续性及渐变性为基础，传统的 Kriging 方法可对变量的空间统计结构进行刻画；以系统动态、开放性质为基础，采用动态 Kriging 方法是对地质统计学方法原理的完善。

第二节　地震地下水动态监测与地震预测研究

近年来,地震的发生越来越频繁,地震预测工作也越来越重要。在地震预测方法中,地下水动态监测是十分重要的一种方法,所以掌握地震地下水动态监测,从而准确进行地震预测有着十分重要的作用及意义。本节就地震地下水动态监测与地震预测相关内容进行分析。

在当前社会发展过程中,地震的发生给社会各个方面均造成严重影响,为能够尽可能降低地震灾害影响,地震预测是主要手段,并且已经也是最重要的一种手段。为能够使地震预测的准确性得到有效提高,应当对各种地震预测方法进行合理掌握,并且合理应用。地震地下水动态监测是当前地震预测中应用比较广泛的一种方法,并且对地震预测准确度的提高起到了很大帮助作用。

一、地震地下水动态监测

(一)地震地下水动态监测类型及实现

目前,对于地震地下水动态监测而言,其主要包括三方面内容,即固定监测、流动监测和强化监测。在这三种监测类型中,对于固定监测而言,其属于一种长期监测,具有固定台站,并且在监测过程中将一定采样频率作为依据;对于流动监测而言,其不但可进行定期监测,同时也可进行不定期监测,该监测的内容就是一定范围之内地下水动态有关要素;对于强化监测而言,其不但能够实现空间高密度,同时能够实现时间高采样率,在监测过程中不但要加密台站或者测点,同时需要提高采样频率,在此基础上在一定范围内对地下水动态进行监测,有些情况下,流动监测也被当作强化监测方式中的一种。通常情况下,当地下水出现较明显微观异常或者宏观异常时,以流动监测及强化监测作为主要方式。

在地震地下水动态实际监测过程中,通常情况下,其实现所利用的都是监测系统以及信息系统,相比为其他目的服务的地下水监测而言,在监测地震地下水方面,对于选择台站、布设监测网以及选择侧项与确定采样频率方面均存在一定差异,并且在观测数据的采集、传输以及接收、存储及处理等方面,同样也存在一定不同之处。地震地下水监测除以为地震预测服务为主要目的之外,还能够提供相关理论依据,从而能够更好地对水文地质相关参数进行计算,还能够对水资源进行更好的评价,同时构造活动方面研究也能够得到更好地开展。

（二）地震地下水动态监测布网及监测项目

在地震地下水监测过程中,对于布设监测网而言,其指导思想和一定时期内地震预测认知水平之间存在一定关系,比如,在苏联实验场之中,垂直活动断裂和沿活动断裂之间,其布网呈现为"十"字形,其目的就是对预测地震发生图像进行捕捉,即由断裂活动到地震孕育及发生再到生成前兆场以及时空演变。在帕克菲尔德试验场中,对于地下水监测,将其归入综合监测内容中,其所突出的为水位监测,布网密度比较高,与此同时,通过定期水准测量、长基线地倾斜仪、电子测距以及钻孔体应变与 GPS、实施形变监测以及测量,其目的就是对地震应变类前兆进行捕捉,以便奠定良好基础,使地下水异常和应变类异常两者关系相关研究得以更好开展。

从我国实际情况来看,在布设地震地下水监测台网时,大多数情况下都沿着活动断裂,其所体现的基本思想就是地震活动断裂成因以及对于地震孕育活动断裂带地下水比较灵敏。大量实际研究显示,对于封闭盆地地区而言,利用深井水位可以实现对地壳形变进行灵敏指示,因而,从当前很多国家以及地区实际情况来看,在对地震地下水监测井进行布设过程中,大部分都选择承压含水层,并且这些含水层都具有较好封闭性。根据不同地区的实际具体情况,这些监测井在布设之后,在设置相关监测项目时也有一定差异存在。

当前,在世界范围内,地震地下水监测项目总体而言包括数十项,比如水温、pH、井水位、流量、电导率以及微量成分与宏量组分、气体成分等。比如在俄罗斯的堪察加半岛,其地震地下水监测网中监测的主要项目为钠离子、氯离子、钙离子以及硫酸根离子与碳酸根离子以及气体总量,此外还包括氮气、二氧化碳、甲烷以及氩与氦;在罗马尼亚 Vrancea 地区监测网中,其监测项目中除相关宏量元素之外,还包括钴、镍以及铜与锌等元素,其数量可达 27 种。在这些监测项目中,水温、水位以及水中溶解氦这些项目相对而言应用比较普遍。对于溶解气体而言,其性质比较特殊,因此,对于火山—热水分布地区,在监测地下水过程中,通常对于气体监测也相对比较重视。

（三）地震地下水动态监测方式

对于当前地下监测方式而言,包括的主要有两种,人工监测与数字自动化监测。在人工监测过程中,以化学成分作为主要监测项目。一般来说,首先到现场进行取样,然后对样品进行测试,通常来说,取样频率都控制在 5~15d 之间;在数字自动化监测过程中,以水温、水位以及电导与少量化学、气体组分为监测主要项目,其采样频率通常为 15~60min,可依据实际情况适当调节。在监测井中将监测数据得到之后,选择不同方式将相关数据信息利用自动传输方式传送到远程信息系统,从而实现监测信息的自动传递、存储,并且对其进行科学处理。

二、地下水异常及地震前兆

(一)地下水异常检测以及处理

严格意义上来说,地下水异常、地震地下水异常以及地震地下水前兆三者之间有一定差异存在。对于地下水动态而言,其影响因素包括很多方面,地下水异常形成的原因也包括很多方面。在地下水异常情况中,对于一些关于地震孕育及发生的情况,通常称其为地震地下水前兆,也被称为地震地下水异常。在地震地下水相关监测数据中,利用各种研究方法,对地下水动态所出现异常以及相关形成因素进行识别,积极分析异常时空分别特点,并且分析其相关规律,其目的就是得到与地震地下水前兆有关的一些信息,这一点对于地震地下水地震预测有着十分重要的作用。具体而言,在实际工作过程中其所包括内容主要有以下两点:第一,有效处理相关观测数据,同时提取异常信息;第二,对异常情况进行落实,并对相关前兆信息进行识别。

对于地下水动态而言,其影响因素包括很多方面,从当前实际情况来看,主要有天文、气象、生物,并且还包括水文与人为因素,所以在实际操作过程中,对于原始监测数据,应通过不同处理方法进行处理,同时还应当对原始监测数据进行校正,从而识别相关干扰因素,并且将其去除。其内容主要包括对趋势项以及周期项进行识别,并且将其去除,另外还包括校正固体潮以及气压。在对数据进行处理之后,对于所获得异常信息应当利用多种方法实行分析以及落实。近几年来,随着社会不断发展,在地下水动态各种影响因素中,人类活动开始逐渐占据主要地位,特别是在人类活动比较强烈的地区,这种情况更加明显。大量实践研究显示,在非震异常因素的排除方面,具有重要作用的一点就是现场对地下水动态异常情况调查,并且使其真正落实。

在所获得地下水异常信息中对地震地下水前兆进行识别及确定,这在当前是比较艰难的工作,并且相关各种方法仍处于探索阶段。从当前国内实际情况来看,在分析判断地震地下水前兆方面的依据大部分都是地震潜在前兆定义中相关主要标准,也就是说,对于异常应当明确定义;应当保证一个以上仪器中均能够观测到异常,或者在一个以上现场中均能够观测到异常;应当明确陈述异常和地震两者之间联系的相关规则,而且规则来源不能是单纯一个数据,而应当是一套数据;所观测到异常应当和应变、应力或者引发地震某种机理之间存在一定关系。

（二）地下水动态监测信息预测地震研究方法

当前，利用地下水动态监测信息预测地震的研究方法大体上包括两类，统计性方法与机理性方法。其中统计性方法主要是以所观测资料为基础，并且在此基础上对应力-应变相关数据与水位等信息实行数理统计以及分析，将各种相关的干扰因素排除，从而将水位以及应变时空变化规律获得，并且找出两者之间存在相互关系，另外还应当找出以往地震实例，并且将两者进行分析比较；在机理性方法方面，其所利用方式主要包括实验、模拟与数据分析，还应当积极揭示水位与应力-应变两者间所存在定量关系，另外，对于所观测到的相关异常现象，应当解释相关内涵与有关机理。在实际研究过程中，这两种方法通常情况下都是综合使用，从近几年发展情况来看，逐渐向机理性研究方法方向转变。

三、地下水位同震效应以及震后效应

对于地震地下水异常，从更广泛意义上来说，其所包括内容主要有三个方面，除震前异常之外，还包括同震效应和震后效应。在地震发生过程中，地下水会在瞬间或较短时间内出现响应，这被称为同震效应；在地震发生之后，地下水等有关动态要素特征与其恢复过程，这被称为震后效应。在地震发生之后，地下水的恢复有时需要持续很长一段时间，所以，在地震发生比较频繁的一些地区，对于一些地下水异常情况，在判断其属于震后效与震前异常方面，当前仍属于一个科学难题。

当前地下水同震效应所包括的现象主要有两种，从大的方面来说为宏观现象，从小的方面来说为微观现象。其中，在地下水宏观现象方面，在以往资料中记载比较多。大量地震实例调查以及研究表明，对于同震效应宏观现象而言，其中比较典型的就是在地震影响范围之内会有一些新泉形成，而原本存在的一些泉却消失，另外，沙土液化、泥火山活动也是比较典型的现象，以及涌水喷沙、地下水位及水流出现变化等。对于宏观异常而言，其可能在与震中距离数千公里之处出现。

地震一旦发生，通常都会造成水文结构出现变化，并且也会导致含水层内相关参数出现变化，从而造成水资源质量问题出现，此外，地震所产生的地震波也会在一定程度上影响到油井产量，地震所产生孔隙压力发生变化可在一定程度上作用于余震发生时间以及地点，并且在一定条件下还会引发新地震。所以，一直以来地下水同震效应研究都是比较重要的一个方面。有关实践研究表明，当前地下水位同震效应的主要表现包括三种类型，震荡型、阶变型以及缓变型。在这三种类型中，震荡型是由于动态应力作用而产生的，出现该类型的地方一般为导水性较好含水层中的观测井中，一般会持续几分钟到几小时的时间；而阶变型主要是由于静态应力而发生的，水位上升与下降所对应的分别为压缩带与扩展带；缓变型主要发生因素为地震波，其能够导致水位出现阶变以及缓变。

地震一旦发生将会产生十分严重的社会危害，因而地震的预测也就成为一项必要的社会任务。在当前地震预测研究方面，地下水动态监测是十分重要的一种方法，并且也是比较重要的一种方法。地震预测相关工作人员应充分了解地震地下水动态监测，并且能够将相关内容充分掌握，从而根据地震地下水动态监测相关数据对地震的发生进行准确预测，从而做好地震预防相关工作，尽可能降低地震造成的损失。

第三节　地下水动态监测系统开发背景与建设内容

本节介绍了地下水动态监测系统的开发背景，从建设任务、现场监控参数、监测井布设及工程建设、现场监控终端的结构、数据传输方式、组网模式与网络结构、信息中心建设等方面阐述了系统建设内容，以期为地下水动态监测系统的开发与应用提供参考。

地下水动态监测系统以地理信息系统为框架，利用公共通信网络、计算机技术以及自动化技术，结合该地区的水文水资源特点，形成一个智能化、网络化、多功能化的地下水数字监测系统，以满足项目研究的需要及工程示范作用。

一、开发背景

开源、节流与治污并重，是我国水资源开发利用与保护的基本方略。节水既是开源，亦是解决水资源短缺的重要途径，是当前水生态文明建设的重要内容。加强地下水动态监测，实行取水计量，是节约保护水资源的重要措施，为水资源管理的基本内容，须加大力气进行建设。

二、建设内容

（一）主要建设任务

地下水动态监测系统，以现场数据分布自动采集为基础，以 GPRS 数据传输为依托，以地理信息系统（GIS）为框架，整合先进的信息集成技术，远程监控管理信息平台集中管理，区域地下水动态监控区域内的各监控点进行地下水位、设备电量等参数的监控，从而形成地下水动态远程数字化监控网络，为水资源部门高效管理地下水提供技术支撑，并实现资源共享和互联互通。

（二）现场监控参数

地下水水位监测：地下水水位。设备电量监测：现场终端电池的电压情况。水质监测：综合监测该处的水质情况，包括水温度、pH值、浊度、含氧量、电导率等参数。

（三）监测井布设及工程建设

依据实际水文地质条件及开采现状，地下水水位监测井的布设，一般应遵循以下原则。一是应在地下水类型区划分、开采强度分区和监测站分类的基础上进行；二是做到平面上点、线、面结合，垂向上层次分明，以浅层地下水位监测站为重点；三是一般应沿着平行和垂直于地下水流向的监测线布设；四是应合理确定布设密度，遵循科学、经济、管理方便的原则。水位监测井结构设计一般应遵循以下原则：一是应基本掌握地下水位监测井地区的多年最低地下水水位；二是地下水类型为潜水时，当其厚度不大于30m时，应揭穿整个含水层组，大于30m时应凿至多年最低水位以下10m；三是地下水类型为承压水时，其厚度不大于10m时，应揭穿整个含水层组，大于10m时应凿至该含水层组以下10m。

（四）现场监控终端结构

现场仪器采用地下水一体化自动监测设备，设备采用高度集成化设计，集传感器、数据采集、无线通讯模块于一体，独立构成完整的地下水监测站。设备可以直接安装在地下水监测井口内，安装简单、易于维护，地面上无须安装任何设备，可有效降低雷电对设备的损害，其中水质监测采用在线式多参数监测传感器。

（五）数据传输方式

现场数据采集使用GPRS无线数据通信方式，通讯网络项目区内基本100%覆盖。该方式具有传输速度快、信道稳定、价格适宜等特点，适合监测数据的远程传输。

（六）组网模式与网络结构

对于地下水动态远程监测系统的建设，在设计中应重点考虑如何为使用者提供高效的服务。在网络基本普及的时代，最佳服务提供方式为WEB方式，集中上传现场分布采集的数据，并向用户提供统一的网络内容服务。数据服务中心鉴别用户的合法性与层级，提供技术数据、资料等供用户使用。

（七）信息中心建设

信息中心以数据库为核心，采用可视化总控界面对系统进行管理，用菜单和图标来实现系统的功能操作。信息中心体系结构主要包括信息化服务平台、用户监控终端和综合数据库。数据采集终端将地下水监控数据，按规定的项目和时间间隔进行数据采集，并及时将所取得的水资源数据以无线的方式传给信息中心。信息中心以开放式协议语言为基础，具有较强的兼容性和可扩展性；运行环境采用故障转移和均衡负载群集技术，保证监控平台运行的安全性、稳定性以及数据处理的高效性；监控类型的多样化，可以在很短的时间内为用户定制新的服务流程，把新的监控设备纳入监控平台，可以整合原有不同公司、不同语言开发的系统，实现多种监控设备及数据的集中管理。平台自身的管理模块可以同时将所有的子系统整合到一起，避免出现多套监控系统各自为政的混乱局面，实现了资源的整合与统一管理。

我国水资源紧缺，单纯依靠当地水源难以保障群众用水需求，因此必须依靠地下水动态监测系统自动、实时监测地下水位的优点，建立多水源联合运用机制，充分挖掘水资源的各种潜力，为实现水资源的可持续利用提供科学依据。信息采集系统的扩建和升级，提高了地下水管理的数字化和自动化水平，提高了信息收集、指令发送的准确性和时效性；信息中心的建设保障了地下水位信息的传输与共享，有效消除信息孤岛，放大了数据生产的效益；利用统一的数据标准、共同的格式、访问方法和数据直接访问条件，扩大了数据服务范围，减少了数据利用中的低效劳动；深度开发信息资源，可以实现管理信息化，决策科学化，从而实现水利系统整体工作的优化。

第四节　地下水动态监测技术在地质找矿中的应用

在搜集关于地下水动态监测技术、手段和矿山地质找矿等多方面的资料的基础上，分析动态监测技术研究现状及应用领域，指出今后地下水动态监测手段在矿山地质找矿中应用的主要发展方向。认为：地下水动态监测技术的研究主要集中在地下水动态分类和预报两方面，运用领域较广；地下水动态的自动化监测、智能化预报将是地下水动态监测的一大趋势；在地下水动态监测理论方面，确定性和不确定性结合的智能模型将是地下水动态预测模型研究的重点；在矿山地质找矿方面，地下水水纹地质现象对水纹地质工作和矿产的勘探具有一定的指导意义。

地下水动态监测技术是获取地下水资源变化特征的重要手段，并能够为地下水的开发、利用和管理提供相应的基础信息和指导依据，国内外对地下水动态监测技术的研究开展于20世纪70年代末80年代初，研究主要集中在地下水动态的预测和分类上，虽然地下水动态研究目前还处于很不完善的阶段，但经过多年的发展研究，地下水动态监测技术运用领域在地下水资源利用、开发、管理、地震、矿山安全生产、预报涌水量、地质找矿等方面都有长足的进展。而且周进生等人利用地下水失衡在陕北煤炭矿产开发利用方面取得了成功,开启了利用地下水动态监测手段研究矿山地质找矿,并通过搜集资料对地下水动态监测技术在矿山地质找矿中的应用进行了前景展望和预测。

一、动态监测技术研究现状及应用领域

地下水动态是一个非常复杂的自然过程,是多种输入(天然的或人工的)对地下水系统激励后的综合响应。国内外对于地下水的动态的研究多趋向于地下水的动态的预报和分类上。国外研究地下水动态起步较早,自 1978 年 Hodgson Frank D.I 提出地下水动态的预报的多元线性回归模型后,不同学者相继提出相应的数学模型对地下水动态进行了预报。国内对地下水动态的预报可追溯到 20 世纪 80 年代初,预测方法大体有回归分析与相关分析、时间序列分析、系统理论及地质统计等。地下水动态分类的研究大多处于定性分析水平上,动态的分类是动态研究的一个重要方面,对于研究区域地下水的补、径、排条件和地下水资源的评价及地下水动态监测网的优化都具有重要意义。

随着科技技术水平的发展,一些多震国家相继建立了地震地下水动态监测网,利用地下水动态的异常进行地震的预报,车用太和鱼金子在搜集了 1966~1985 年间苏联、日本与美国有关地下水的水位、水压、水温、流量等物理动态方面的震例 28 个,认为震前地下水动态异常的常见项目有水位、水头(水压)、自流量、温度等,其中最多见的是水位与水头的异常,约占全部异常的 85%,其次是流量(9%)与温度(6%)。国内国家地震局在地下水微动态的形成机理、数据处理及地震预测研究中有较高的研究水平。

近 20 年,地下水动态的预报也有一些新的变化,多运用 BP 神经网络、Modflow、Feflow 和 GIS 技术进行地下水动态的预报。郭晓东,田辉等人利用 Visual Modflow 可视化软件对松嫩平原地下水动态特征进行了评价分析;李彩梅、杨永刚等人在基于 FEFLOW 和 GIS 技术对山西省古交矿区的地下水动态进行了模拟及预测。

在地下水动态监测技术方面,钦州市建筑规划设计研究院的文亮副教授研制处理动态信息检测仪,能够轻松确定地下水的空间位置、水流深度及水流量大小,并指出当前探测地下水的手段有一定的不足,测量解释的多解性降低了测量的精度,仪器检测所得到的静态信息只是提供了地下水存在的可能性,不能排除其他异常现象的存在。

白喜庆和沈智慧通过对峰峰矿地下水动态进行监测,从保护地下水资源角度出发开展了煤矿防治水工作,他们认为奥陶水是煤矿生产疏排防治重点,通过对岩溶

地下水动态变化的研究，对峰峰矿区的开采布局提出了合理的规划，防排供结合，综合调控排泄量、人工开采量、矿井疏排水量，提高矿井水的利用。

周进生认为，矿产资源开发及地质找矿引起了地下水失衡、含水层机构破坏、地表水径流发生改变、地下水循环规律改变、水质重污染等不良后果，因此建议在地质找矿和矿产开发过程中应加快"采矿保水"的法制建设，加强矿山企业准入管理，加强地质水保护论证管理。另外，他还认为地下水水质动态监测一定程度上反映了地质矿产背景，有利于指导地质找矿。

综上表明，地下水动态分类和预报是地下水动态研究的两个重要方面，在预报和分类上有不同的方法和技术，研究程度较高，且在科学技术发展的推动下，有不同的新方法和新技术出现；地下水动态研究应用领域包括地下水资源科学管理、地震、矿山安全生产监测、预报涌水量等，应用领域较广，另外，地下水动态监测在矿山地质找矿方面也具有突出的贡献。

二、地下水动态监测技术在地质找矿中的应用前景及展望

全国用水的态势在近 50 年有新的转变，总体来说表现在地下水资源开采由浅到深，地下水水位下降由慢到快，地下水污染由轻微到严重，地下水资源开采引发的地质灾害增多，多区域缺水问题表现突出。全国水资源管理和利用不合理，地下水资源均存在着超采的共性问题，河北长期大量超采地下水，形成了 7 个大的地下水漏斗区（高蠡清、肃宁、石家庄、宁柏隆、衡水、南宫、沧州），已引发地面沉降、海水倒灌、地陷地裂等地质灾害，出现河流干涸、湿地萎缩等地质现象，湿地面积比 20 世纪 50 年代减少了 70% 以上。

由此，水资源供需矛盾日益突出，地下水动态监测越来越重要，而只有地下水动态监测所获取的信息能够评价气候、人类活动对地下水水质和水量的影响。目前，国内地下水动态监测井网建设较完善，但自动化程度较差，2005 年前，北京市地下水人工监测井 423 眼，自动监测井 142 眼；黑龙江省地下水自动监测系统已正式运行；新疆乌鲁木齐对现有 72 个水位监测孔进行了调查和分析，掌握了地下水水位多年动态变化规律，完成了水位监测网优化工作，建立了地下水动态数据库；吉林省地下水基本监测井 1285 眼，包括省级和普通的水质和水温监测井，平均 6.9 眼 /103m³，根据黄淮海重点平原区地下水自动监测系统建设项目建议书，黄淮海将建成集地下水信息采集、传输、处理、分析和预测预报于一体的现代化动态监测系统，建设范围涉及北京、天津、河北、江苏、安徽、山东、河南七省市，总面积 31 万 km²，其中包括南水北调工程的受水区和超采区。

在区域分布特点上，平原区地下水开发强度大，超采现象尤为突出；矿山开采疏干排水直接或间接排放地下水成为深层地下水资源浪费的重要途径。因此建设针对地质找矿和矿山防水治水的地下水动态监测网也很有必要。地下水是地质演化的产物，是构成地球物质的一个重要组成部分，并与环境介质不断地相互作用。同时，地下水对相关矿产资源的形成尤为重要。通过系统分析研究地下水与矿产之间的联系，不仅对水文地质工作和矿产勘探具有指导意义，更对资源的综合开发利用具有重大意义，因此不同水文地质现象与地质环境之间存在内在联系、规律及各种特征的标志意义，由此开创了应用地下水进行矿山地质找矿的先河。在此基础上，我们搜集了关于地下水动态监测技术、手段和地质勘探等多方面的资料，针对地下水动态监测技术在矿山地质找矿方面、应用和发展方向有以下几点粗略的认识：

（1）矿山要达到地质找矿的目的，井网的建设必须充分考虑地质条件平面和空间特征，全面控制矿山排水范围内不同深度不同层位的地下水动态变化，构成完善的三维空间观测系统，除满足一般比例尺精度要求外，应在导水断裂和通道处加密处理井网，控制地下水降落漏斗的变化，使井网的建设能够确保观测的质量。

（2）在监测内容上，动态监测应获得地下水水位、流量、温度、气压和简单化学组分在时间和空间上的变化，在矿区重要巷道和地下采区，动态监测应增加地面变形、测震等监测沉降、崩塌方面的内容，监测孔也应达到一孔多用的目的。

（3）水文地质复杂的矿山进行地下开采，虽然水文地质勘探的程度较高，但突水的不确定因素仍然存在，地下水运动和突水的机制仍不明朗，而且突水受人为因素影响较大，预测难度更高，因此在地下水动态的预报和预测上，地下水动态在矿山防治水方面的预测模型也应将确定性模型和非确定性模型相结合，建立既能反映地下水流动系统中不确定影响因素又能刻画其动力机制的预测模型，还应建立矿山开采条件下的地下水突变的预测模型，这种模型对于矿山地下水预测预报上更具可靠性。

（4）水利部南京水利水文自动化研究所姚永熙表示，国内目前生产、应用的地下水监测仪器比较简单，自动化程度较差，但区域和矿山地下水动态系统的集成是地下水动态监测的新趋势，矿山的自动化地下水动态监测、3S系统、智能预报系统的结合将为指导矿山地下找矿提供良好的技术支撑。

（5）地下水资源供需矛盾日益突出，矿山地下水作为重要的地下水资源，又是矿山安全生产疏排防治的重点，如何从保护水资源的角度研究矿山防水、治水、排水和供水成为矿山未来的发展方向，对矿山地下水动态监测技术的研究也应围绕矿山保水、生态用水的主题展开。

地下水动态监测技术的研究主要集中在地下水动态分类和预报两方面,运用领域较广,涉及地下水资源科学管理、利用、开发、地震、矿山安全生产、涌水量预报、矿山防治水等方面。

地下水动态监测在矿山地质找矿方面前景较好,今后地下水动态的自动化监测、智能化预报将是地下水动态监测的一大趋势;在地下水动态监测理论方面,确定性和不确定性结合的智能模型将是地下水动态预测模型研究的重点;在矿山防治水理念方面,矿山保水和生态用水将是矿山安全生产的另一途径;在矿山地质找矿方面,地下水水纹地质现象对水纹地质工作和矿产的勘探等都具有一定的指示意义。

第五节　智能传感系统在地下水动态监测中的应用

地下水监测是一项十分重要的工作,动态数据能够及时、准确地被测量出来,可以更好地为地下水资源的合理保护和利用提供科学依据。针对地下水监测点多、数据量大、地处偏远、人工测量存在较大偏差等问题,推出一个智能化、数字化、实时可靠的地下水监测管理系统,具有较高的利用价值。

一、GPRS系统概述

地下水动态是指地下水的变化和趋势,包括水位、水量、水质和水温,在自然和人为因素的共同作用下,地下水存储空间随时间变化的规律。然而,地下水中的这些变化必须有计划、系统地去监测并长期记录,才能了解并掌握。

21世纪以来,我国地下水监测水平有了显著提高,但与发达国家相比仍存在较大差距。地下水监测是水利建设和地下水资源开发利用中的一项基础性工作。在地下水开发利用、规划、设计、施工、管理和科研等各个方面,首先要寻求一个自动、可靠、准确的监测系统。

地下水监测系统采用GPRS通信技术,可靠性高、覆盖范围广、不受地域限制、按流量计费,不仅能保证数据传输及时、准确,而且系统运行成本也会降到最低。另外,该系统很好地解决了因增加监测项目而使数据量增加对成本的影响。地下水监测井大多远离城市,环境复杂,拆除已有管道系统和管道安装都比较困难,而且其准确性也会受到很大影响。因此,系统在监测点采用传感器的形式,利用GPRS无线数据通信。该传输机制网络信号覆盖范围广,数据传输高效,通信质量高,误码率低,有很好的安全性和可靠性,安装方便,信息流的计费和用户成本较低,可以解决监测点较为分散、数据量大等问题,并易于更新和维护控制系统。监测中心的管理软件能够采集远程数据,实时进行远程监控,并将所有监测到的数据存入数据库中,同时会生成各种报表和曲线。

数据收集器和服务器管理中心是系统的两大组成部分,包括流量计和GPRSDTU(数据终端设备的数据传输单元)组件数据收集站。DTU首先注册到移动的网络,然后发送SOCKET的请求包给移动,移动再将此请求发送到互联网。流量计通过传感器测出管内液体的开采量信息,并按照特定的协议代码通过RS232串口发送到GPRS数据传输单元。

在地下水开发利用中,就空间和时间而言,开采量具有累加性而不具有连续性,水位和水质具有连续性而不具有累加性,在一定时间(或空间)内,测量地下水开采量不能以点代面,而测量地下水水位在一般情况下都可以。因此,动态监测地下水开采量与监测地下水水位或水质的方法完全不同,主要体现在监测数据的使用和监测点的结构布置上,如地下水开采量统计采用累加法,而地下水水位与水质的统计则采用平均法。因此,本系统采用时差法流量计测量管道内被测液体的流量。

二、基于GPRS的地下水动态监测系统结构

在结构上,该系统具有自身独特性:数据监测系统通过传感器测出管道内水体的流量,并经 GPRS 将数据发送到系统服务器。一方面,信号采集模块发出调取数据命令,同时将传感器发回的时间差模电信号转化成水体流速的数字信号回传到用户终端。另一方面,水流量监测模块将累计计算的水流量数据按时间累积,将结果传送到终端显示。通讯模块接收 GPRS 数据传输单元返回的调取命令并将其发送到微处理模块,再按命令从存储模块中读出数据将其发给串口信号采集模块,最后由串口信号采集模块经 GPRS 数据传输单元返回服务器中心。在系统供电方面,电源模块把 24V 直流电源转换成 5V 和 3.3V 的工作电压。

在网络设置上,串口到 GPRS 无线网络通过和流量计连接的 GPRS 数据传输单元实行双向转换,同时实现自动登录、重拨,定期进行网络监测等,另外也可通过设备的串行端口对设备进行调试和设置。

三、系统软件及通信协议

在软件方面,该系统采用地下水监测系统专用软件和 B/S 结构,系统管理员负责管理,其他人员被授权后可通过局域网访问服务器。同时该软件可在互联网上公开,经过授权后可在任何地方的计算机通过 Internet 访问和系统操作。系统服务器利用

流量计发回的数据进行统计分析后能够绘制成历史数据、实时数据的直观曲线图，并按时间生成规范报表同时存入数据库。

系统的通信方式采用由服务器中心定时向 GPRS 数据传输单元发送符合 ASCII 模式的调取命令，流量计模块接到指令后将数据以同样的模式通过 GPRS 网络发回中心服务器，从而提高了通过互联网发送数据的可靠性和 GPRS 数据传输单元驱动软件编写的完善性。

四、供电方式

地下水监测点大多设在野外，一般不具备供电电源。根据监测数据频率，供电方式可选择太阳能或锂电池供电。若数据上报比较频繁，可使用太阳能供电；若数据上报不频繁，建议使用锂电池供电。

太阳能供电适用于有站房的监测井，由太阳能充电控制器、铅酸蓄电池和太阳能光电池板三部分组成。根据现场用电设备（包括现场采集设备与微功耗测控终端）的功率来选择蓄电池的容量与光电池板的大小。使用锂电池供电适用于没有站房的监测井，内置一组锂电池组作为工作电源，特别适合于没有外部电源供电的现场环境、微功耗设计，锂电池组正常情况下可以工作 2~5 年。

智能传感系统结构简单，可广泛用于地质、水文等领域，能很好地适用于交通、电力不便以及环境复杂的偏远山区，可从根本上改变人工监测客观性差、可靠度低的现状，实现区域地下水动态监测自动化控制的目标，提高区域水资源管理水平和工作效率，具有较高的推广与应用价值。

第六节 河北地下水动态监测现状、规划和前景

地下水动态监测是地下水研究和地下水资源管理的重要手段，专业的监测网络是获取准确地下水动态信息的保障。结合对地下水监测工作的体会和多年应用地下水自动监测仪器的经验，总结了河北省地下水动态监测工作历程，介绍了监测网络现状，系统分析了监测工作存在的问题，给出了地下水动态专业监测网络构成和建设的实质性意见，并就监测工作广阔前景进行了分析，为将来地下水动态专业监测网络建设工程提供参考。

地下水是水资源的重要组成部分，是河北省工业、农业和生活用水的主要水源。据统计，河北省地下水供水量占总水资源量的 80%～85%，甚至在有些平原城市是唯一水源，而这种对地下水资源的高度依赖性改变了地下水水量和水质，诱发了地下

水降落漏斗、地下水污染、海水入侵等诸多地下水环境问题,已经成为限制河北省区域经济社会快速稳定发展的瓶颈问题。

地下水监测是一项基础性、公益性的工作,它作为直接获得地下水水质、水量动态的唯一方法,对于解决地下水环境问题,开展城市建设布局研究和制定区域经济发展规划显得十分重要,而推进科学先进监测手段的应用从而及时获取有效信息尤为必要。

一、地下水动态监测发展历程

(一)起步阶段

20世纪50年代,是河北省地质部门地下水监测工作的起步阶段,在部分地区开始了系统的地下水监测工作。这一时期,地下水监测工作主要为工农业生产及城市生活供水服务,监测内容主要是水位;采用的监测手段主要是人工测钟测量。

(二)快速发展阶段

20世纪七八十年代,是河北省地下水监测的快速发展阶段。基本形成了河北省地下水动态监测井网,普遍开展了地下水监测工作;监测内容从水位测量,扩展到水位、水温、水量、水质等多个要素的监测;水位、水温监测手段主要为测钟、电流表测量及普通温度计测量。

(三)积极探索阶段

20世纪90年代至今,是河北省地下水监测工作积极探索的阶段。特别是进入21世纪以来,除了增加有机污染和海水入侵等专项监测外,河北省积极探索尝试更为先进的监测手段,陆续引进了多种新型的地下水自动监测仪器设备进行实用对比,监测信息存储、传输方式也实现了信息化,初步形成数据采集、传输、分析、信息发布的工作框架,为自动化监测网络建设积累了经验;水位、水温监测手段仍以人工测钟、电流表测量及普通温度计测量为主。

二、地下水动态监测站网运行现状

(一)地下水动态监测网现状

河北省地下水动态监测网现有各类地下水监测点2784个,其中国家级监测点116个、省级监测点885个、市级监测点1630个,监测区控制面积达98709 km2,其中专业监测孔仅有46眼,其余均为机民井。监测内容有地下水水位、水质和水温;

监测手段绝大部分为人工监测,监测工具为测钟、电流,只有60眼监测井安装了自动化监测设备,实现了自动化监测;监测频率为国家级监测点每月监测6次、省级点每月3次、市级点每年2次。受政策、经费等因素影响,河北省地下水动态监测工作处于维持状态。

（二）监测工作发展瓶颈问题分析

1.缺少法律法规的保护

地下水动态监测网络建设和工作部署有《地下水动态监测规程》(DZ/T 0133—94)等规范指导,但地下水监测设施(监测井、防护及监测设备)的保护并没有相关法律法规支撑,因此在面对监测孔被恶意填堵或者城市规划建设被拆毁时,保护工作开展显得空而无力。据不完全统计,随着城市化发展,河北省已有4眼国家级、11眼省级专业监测孔因被拆除而停测,还将有101眼省级监测孔面临停测。可见,监测设施保护工作形势十分严峻。

2.缺少政策和资金支持

地下水动态监测网络优化建设和运行都缺少政府指向性政策和专项资金的支持。目前,一个能与现代经济社会发展相适应的监测网络需要进行优化建设,有针对性地补充建设专业监测井,推广地下水自动监测仪器和管理系统的应用以提升监测能力,建设信息中心和增加专业技能人员以提高监测信息的社会服务效益等等,这些都需要政府的具体政策支持和财政资金的大力投入,而事实上相关投入是远远不够的。

3.监测网络不完善

现状地下水动态监测网络存在监测空白区。因现有监测井大多建于20世纪70年代,受当时布网目的要求主要布设在河北平原农灌区及主要城市,而在后期出现的地下水超采区、供水水源地、重要工程、生态脆弱区、新兴城市规划区以及环境地质问题突发区等的监测井布设几乎是空白或密度较低,已经不能满足服务经济社会高速发展的要求。

现状地下水动态监测网络专业监测控制精度不够。一是专业监测井太少,这是导致监测能力低下最突出的问题。相对于机民井,专业监测孔的数据信息代表性强,更能够准确反映含水层地下水动态特征,符合监测规范要求,而现状监测网专业监测孔比例甚少,只占总数的1.7%,这就直接降低了监测网的精度。在平面区域上,专业监测井数量较少,不能对各水文地质单元进行控制性监测;在垂向上未实现分层监测,达不到对不同深度含水层的监控;在地下水环境问题突出区域,缺少专业水质监测井进行有效监控。二是机民井作为替代井,尤其是民井,其监测深度等基本信息情况不够清楚,对监测数据的代表性产生了影响。

4. 新技术推广应用程度低

河北省尽管较早引进地下水自动监测设备,部分监测井实现了监测数据的实时监测和无线传输,但只占总监测井的2.2%,应用率低;数据分析主要依靠人工统计整理和测算,或者依靠简单的数据分析软件,而对于数值模拟等较为先进的方法采用较少,研究方法落后,技术水平相对较低。

5. 数据信息社会服务水平低

目前,河北省地质部门仅将地下水动态信息作为公报部分内容,与国家级监测点编入地下水年鉴等方式向社会公开,监测数据信息的社会服务水平较低。

三、新地下水动态专业监测网络建设概述

(一)地下水动态专业监测网络构成

河北省地下水动态专业监测网络是以专业监测网络和自动化监测网络为基础的控制性监测网络和各类专项监测网络的集合。控制性监测网络以水文地质单元为基础,以河北平原为主要监测区,以山间盆地、坝上高原为辅,分国家级、省级进行建设,并推进自动化监测建设;专项监测网络是针对不同环境地质问题和现象而开展的控制性监测网络,如海水入侵监测网、浅层地温能监测网、地下水污染监测网以及应急监测井等。

(二)地下水动态专业监测网络建设要点

1. 控制性监测网络建设要点

控制性监测网络以专业监测孔为基础,对河北省全区地下水动态特征进行宏观掌控。

①布点要控制整个监测区域。国家级、省级监测孔应全部建设为专业监测井,达到水平上能够控制河北省各水文地质单元和具有特殊地质环境背景区域等,垂向上能够控制第四系各含水层;针对不同环境地质问题,尽量做到一孔多用;专业监测井产权(含井身、占地及附属防护设施等)必须明确。此外,建井前必须充分了解当地的发展规划,避免因城建而损毁监测井。②大力推广应用"一孔多层"监测孔。"一孔多层"监测井是一种新型地下水监测井,是指在目标监测区域内,仅钻探一眼钻孔,通过分层填砾料和止水,将钻孔中分布的多个目标监测层逐级有效隔开,满足可分层监测、取样,最终实现在同一眼钻孔中获得多地层水文地质数据。相较于传统监

测井,一孔多层地下水监测井独具节约用地、节省资金、缩短施工周期和便于管理等优点。

2. 自动化监测网络建设要点

结合多年应用实践经验,自动化监测网络建设需要注意以下要点:

①仪器设备选型注意兼容性。从早期使用情况来看,仪器的体积不宜过大,尤其是传感器,因为河北省平原区深层地下水埋较深,传感器过重对传输线缆承重性要求较高,安装操作也不方便;不宜选用不同厂家的设备进行组装,因为其设计执行标准不同、兼容性较差,经常出现数据读取和传输错误,导致监测数据断续,严重影响监测工作质量。②仪器设备选型宜将售后保障作为最重要参考。从长期使用角度来看,监测设备的售后保障比之技术水平更为重要,是自动化监测网络可持续发展的决定因素。国外产品相对技术比较先进,但是因大多产品在国内没有专门的售后服务机构,售后维修比较烦琐,一旦出现维修问题需要返回国外工厂,就会产生维修周期延长、数据信息泄密等问题;而国产设备售后维修便利、周期短,易于沟通联络。③避免过度关注压低产品价格的误区。地下水自动监测网络运行是一项长期的任务,因此监测设备购置注定不是一次性的买卖行为,尤其需要看产品的品质,而品质包括设备本身的质量和售后服务的质量,需要为售后技术支持留有利润空间,这样才符合市场规律,所以过度关注压低设备价格并不科学。

建议自动化监测网络建设宜采用整套国产监测设备,可签订长期技术支持战略合作协议,确保监测设备有问题即修,同时有备用设备替代继续监测,以保证监测数据的连续性。

3. 专项监测网络建设要点

专项监测网络是针对地下水相关的新兴问题而建设的,是对河北省地下水动态监测网络的完善。因其具有较强针对性,而不同问题本身又具有复杂性,如海水入侵区地下水的腐蚀性、超采区水位降幅较大等,加之监测网络建设投入较高,所以要在充分论证后投入建设,尽量能够延长监测井的使用年限。

4. 监测信息社会服务能力建设要点

目前,河北省地质部门仅将地下水动态信息作为公报部分内容向社会公开,信息共享程度、数据利用率和应用程度较差,宜加强服务意识和监测信息社会服务能力建设。

①针对河北省地下水专业监测网络开发地下水信息管理系统。建立数据库,具备地下动态预测、数据信息分析功能,有数据信息和成果发布、共享平台。②引入目

前应用较多、评价较好、较为先进的计算机数值模拟技术,提高地下水模拟分析和预测水平。③加强成果或者产品的转化,将反应地下水环境动态变化的数字信息转化为易于被公众接受的产品,以公报或者简报的形势向社会发布,同时也可以利用丰富的、长系列的地下水水位、水质数据向社会开展咨询服务。

总之,笔者认为监测部门不能故步自封,只有向社会敞开大门,频繁多多地出现于社会活动中,地下水动态监测工作才能得到更广泛的关注和接纳,才能实现自己的价值,得到长足的发展。

四、前景展望

随着地下水环境问题影响的扩大、地下水相关研究水平的提高,河北省地下水动态监测工作必将迎来跨越式发展的契机。因此,必须要建设地下水动态专业监测网络,夯实工作基础;推进地下水动态自动化监测网络建设,提升监测能力;建设专项监测网络,拓展业务范围,最终实现及时、实时、全面获取准确的地下水动态信息,以更好地为政府决策和经济社会建设服务。

第七节　张家口地区地下水动态监测分析与展望

地下水监测是水文工作的重要内容,是一项长期的基础性、公益性事业。我国的地下水监测起步于 20 世纪 50 年代,随着经济社会的发展、水资源大规模的开发利用和管理需求的不断提高而逐步拓展,历经 60 余年的发展,全国地下水监测管理工作已逐步走向正规化、规范化的轨道,在工农业生产、城镇供水、环境保护以及抗旱减灾过程中发挥了积极的作用。

近年来,随着经济的发展和社会的进步,我国地下水的长期不合理开发利用以及人类活动造成地下水位持续下降、河道干涸、水质污染等一系列生态环境问题。地下水监测是认识和掌握地下水动态变化特征、分析评价地下水资源、制定合理开发利用与有效保护措施、减轻和防治地下水污染及其相关生态环境等问题的重要基础。但是,我国目前的地下水监测工作仍比较落后,不能满足经济社会发展以及实行最严格的水资源管理制度对地下水信息的基本需求。加强地下水监测是贯彻落实党和国家重要治水思路、加强水生态文明建设、保障国家水安全的战略性、基础性、长期性工作。

地下水动态监测的目的:是为了进一步查明和研究水文地质条件,特别是地下水的补给、径流、排泄条件,掌握地下水动态规律,为地下水资源评价、科学管理及环境地质问题的研究和防治提供科学依据。

一、张家口地区地下水监测现状

（一）张家口地区现有监测站网

张家口地区现有地下水监测井 89 眼，全部为人工观测。其中水位监测井 83 眼，全部为浅井，五日井 69 眼，逐日井 14 眼，地下水开采量监测井 6 眼。

（二）张家口地区地下水监测技术

地下水监测项目包括：地下水水位（埋深）、水质、水温、开采量等要素，张家口现有监测井多借用生产井和民用井监测，没有专用监测井；监测方法主要依靠人工观测。

（1）水位（埋深）。地下水水位是最普遍、最主要的地下水动态监测要素。张家口地区地下水监测工作仍采用传统的人工监测方式，用测绳、皮尺、测钟或音响器等传统监测手段，地下水位监测频次主要有逐日、五日，逐日监测站占基本监测站比例不足 30%。监测精度无法控制，监测效率较低。

（2）水质。单个水样取样主要为采样器，连续取样主要使用采样泵。张家口地区地下水水质各项参数主要通过采样器取样后，实验室分析的方法。

（3）水温。张家口地区地下水水温主要使用水银温度计，直接读取的方式。

（4）开采量。张家口地区地下水开采量主要是人工抽水，主要受控制灌溉面积、作物、开机历时、亩次用水量等因素的影响。

（三）地下水开发利用现状

张家口地区属于资源型缺水地区，水资源供需矛盾十分突出。由于缺水，不得不靠大量开采地下水来满足国民经济发展的要求，从而造成了地下水的超采。由于长期大面积过量开采地下水，引发了地下水水位下降等水环境问题。目前，张家口市水利投入严重不足，工程标准低、配套工程不完备、工程老化年久失修等问题还普遍存在，加上非工程措施不利（包括水价偏低、管理体制不顺、政策法规不完善、科技水平不高等）影响了水资源的合理利用和优化配置等。

（四）地下水动态特征

地下水动态规律是地下水补、径、排特征的集中反映，除与所处水文地质单元的地质条件有关外，还受人工开采和气象因素的影响和制约。

坝上平原呈现独特的地理景观和气象特征，地下水的主要补给来源是降水入渗，因此形成了与降水关系较为密切的动态变化过程。受降水入渗和灌溉回归水的补给，地下水由南或北部的山丘区向中部的湖淖汇集，垂直蒸发和人工开采为主要的排泄方式。

坝下盆地受降水入渗、侧向径流和灌溉回归水的补给，山前平原是其径流场。地下水流向受地貌条件及岩性构造的制约，基本与地形坡降方向一致，即由周围山区向盆地汇集。以河川基流、垂直蒸发和人工开采为主要排泄方式。

二、张家口地区地下水监测工作存在的问题

（1）地下水监测站网布局不完善，尚不能完全满足经济社会发展的需要。

张家口市的地下水监测井网主要监测农村浅层地下水。在城市城区、大型地下水水源地和中深层地下水监测方面目前布设很少，由于早期建设的监测网点数量、布局、监测层位等已不能适应目前地下水资源管理的需要，对于重要水利工程区、地下水超采区、重要漏斗区、生态环境脆弱区等区域的地下水控制不足，成为制约社会经济可持续发展的重要因素之一。

城区是人类活动集中的场所，地下水开发利用程度较高，大型地下水水源地和中深层地下水则是现阶段城市工业和居民生活开采的主要水源，出现的地下水问题比较多。特别是近些年随着国民经济的发展，城市用水量急剧增加，严重超采地下水，致使城区出现大面积地下水降落漏斗，引起地面沉降、地下水水质污染等一系列环境地质问题。而在城市城区、大中型地下水源地和深层地下水监测方面井网布设不足，监测井网不能准确掌握关键地区的地下水动态。

（2）地下水监测专用井不足，监测数据质量不高。

张家口地区没有地下水专用监测井，采用生产井进行观测，且大多数没有井房，个别有井房的也十分简陋，缺乏专门供电设施。因此受季节性开采和抽水的影响较大，达不到监测规范技术的要求，不能完全反映真实的地下水资源状况，造成监测数据代表性差。特别是多年来经费投入不足，无力维护和修缮，监测井自然淤堵严重，人为损坏、压占现象经常发生，致使能够维持正常运行的监测井数量不断减少，导致地下水监测井更换较频繁，不得不在周围地区选择其他开采井（或停用的开采井）替代，监测资料不连续，降低了数据质量。另外，地下水监测工作大多委托距监测点较近的农民，个别由附近水利站职工、乡镇、村干部和民办教师兼任，其中90%没有专门进行地下水监测技能集中培训，缺乏基本监测技术，监测精度就得不到保证。

（3）监测及传输手段落后，与信息化社会建设的要求不相适应。

监测效率较低，监测数据无法满足科研和生产实际应用的需要。另外，缺少应对

紧急情况的应急监测方法和手段。

目前采取的委托监测方式已不能满足现代化管理的要求。由于委托监测费偏低,委托人员积极性不高,造成缺测、漏测、野外记录不规范等现象时有发生,资料质量难以保证。对于埋深较大的监测井,人工监测的难度大,且监测资料的准确性难以保证。

从监测信息的传输方式看,人工监测数据上报一般是观测员采用普通信函、电话等方式,月报动态信息传输周期至少十天以上,信息传输速度十分缓慢。从时效性看,目前的传输方式使信息传输的时效无法保证,且容易出现错误和资料传递丢失的现象,不能及时掌握地下水的变化动态,与现在的信息化管理要求尚存在一定差距。从国内外发展趋势来看,实现地下水的自动监测和信息的自动传输是提高监测数据的可靠性和时效性的有效和必要手段。

(4)信息管理服务能力薄弱。

早期人工地下水监测数据收集后,完全靠人工分析,纸质存档;随着计算机普及后,逐步采用了计算机辅助分析、管理、电子化存档;初步具有了信息分析、管理、查询功能,但功能仍单一、数据种类贫乏、系列不完整。在信息服务方面,还没有建立地下水分析统计、模型预测、综合评价等业务系统,不能满足为各级政府决策、专业技术人员分析研究和社会公众对地下水信息服务的需要。

三、对策及建议

(一)统筹部署、统一标准

为实现资源整合、信息共享的目标,张家口地区地下水监测应按照统筹部署、统一标准的原则,结合当地实际情况,建设一个完整统一的地下水监测站网体系和信息服务系统。

监测站的位置应便于实施管理和监测。以水资源统一管理为主要目的的自动监测站尽量选在设有水文(位)站或雨量站、气象站、旱情监测站的地方,与《全国水利发展总体规划纲要》等要求相一致。

(二)因地制宜、经济合理、节能环保

以现有站网为基础,考虑张家口市的自然条件和经济社会发展水平,因地制宜,实事求是地规划、优化监测网络,充实完善监测站。充分利用现有地下水监测站网和管理队伍以及通信与计算机网络设施设备、水环境监测(分)中心的实验室,注重经济性和实用性,合理控制整个系统的规模。为满足一定时期内社会发展、经济建设、

生态保护等方面对地下水信息的要求,合理布设新建的地下水监测站,扩大国家地下水监测站的控制范围,增加地下水监测站网密度,提高地下水监测精度,最终建成较为完整的地下水监测网络。

地下水监测站建设要优先使用节能、安全、环保材料,因地制宜地制定建设方案,避免重复和浪费。

(三)技术先进、实用可靠

立足于张家口市经济实力和社会发展水平,密切跟踪国际上地下水监测的新技术、新方法、新仪器,在充分借鉴国内外先进经验的基础上,依靠科技进步,采用技术先进、使用可靠的仪器设备,提高地下水监测的新技术含量及监测能力,使国家地下水监测系统具有先进水平。

(四)分别实施、信息共享

地下水监测项目构建地下水信息采集、传输、存储、处理、服务体系,在部级建立两部门信息共享平台,为各部门和社会提供地下水历史和实时动态信息服务。

结合张家口市现有监测站网,建立比较完整的国家级地下水监测站网,充分利用现有的通信网络和设施,形成一个集地下水信息采集、传输、处理、分析及信息服务为一体的信息系统,基本实现对全市地下水动态的有效监测,以及对山地丘陵区地下水动态的区域性监控和对重点地区地下水监测点的实时监控;为各级领导、各部门和社会提供及时、准确、全面的地下水动态信息,满足科学研究和社会公众对地下水信息的基本需求,为优化配置、科学管理地下水资源,保护生态环境提供优质服务,为水资源可持续利用和最严格水资源管理制度提供基础支撑。

第八节 我国地下水动态监测网优化布设方法

我国地下水动态监测网建设存在监测井点布设不合理、站网密度较低等问题。针对这种状况,阐述国内外应用较多的地下水监测网优化方法,并列举出相关工程应用实例,对未来我国地下水监测网建设提出从推进相关规范标准,应用优化方法、加强站网布设及监测频率等方面推进我国地下水检测站网建设。

地下水资源是我国可利用水资源中极为重要的组成部分,随着社会发展,地下水受到严重污染,对社会生产生活造成了不良的影响。为了监测地下水动态变化,我国建设大面积的地下水监测网对地下水位、水质等进行监测研究。而由于起步较晚,相关技术规范和法律法规还不完善,导致我国地下水监测网存在监测站点设置不合理、站网密度较低、监测手段落后、人力物力资源浪费等亟待解决的问题。为了改善这种状况,应当对现有地下水监测网进行优化布设,合理利用资源。

一、地下水动态监测网优化方法

地下水监测网优化设计要求利用尽量少的资源投入来获得足够精度要求的水文地质信息,以此为准则优化地下水动态监测井网布设。目前国内外应用较多的优化方法主要是水文地质分析法、克里格法、信息熵法、聚类分析法以及 BP 神经网络方法等。

(一)水文地质分析法

水文地质分析法是地下水监测井网优化的基础方法,此方法是根据监测区内实际气象、水文地质条件以及人为活动等因素对区域进行动态叠加和划分,并对过往监测数据和实际经验对监测区域内的地下水位及水质的动态变化特征进行分析,最终定性地确定出地下水监测网中合理的监测井数。常用的水文地质分析法是地下水动态类型编图法和地下水污染风险编图法。

地下水动态类型编图法适用于地下水水位监测网密度优化设计。气象、水文、地质和人类活动等诸多因素都会对地下水水位产生影响,将这些因素进行叠加,在空间上划分出不同的动态类型区,其中一个类型区与一种水位时空变化相对应,划分出不同类型的地下水动态后,应当保证每个类型的地下水动态分区中应至少布设一个监测井,这样可以确保监测到所有不同水位的动态变化,同时根据相关规范和标准要求,结合经验和当地实际情况来确定具体监测井的数目。

地下水污染风险编图法适用于地下水水质监测网密度优化设计。在应用该方法时,首先应当对监测区内地下水的易污性评价、污染源分级及污染风险评价三个方面进行考虑分析,然后将地下水的价值图与易污性图叠加构成地下水保护紧迫性图,再将其与地下水污染源分级图叠加形成地下水污染风险图,最后按风险性大小和相关规范标准来计算合适的地下水质监测网密度。

(二)克里格法

克里格法(Kriging)又称克里金法,Kriging 一词是由法国地质统计学家Matheorn 首次提出的,以纪念南非矿业工程师(D.G.Krige),在 1951 年首次将统计学技术应用到地矿评估中。克里格插值法是根据区域内已知点观测值对未观测点进行无偏估计,是一种求最优线性无偏内插估计量的方法。

克里格插值法作为目前地下水监测网优化设计最为常用方法之一，可用于评价及优化地下水监测井网密度。该方法在优化过程中将克里格插值误差的标准差作为评定监测网密度的标准，因此优化过程仅与实测值无关，与监测井的位置和数量等因素有关，可以预先设计监测网密度进行优化。最终得到的优化网络计算出的方差是最小的。

在运用克里格法进行优化设计时，将现有地下水监测区域进行矩形剖分，当矩形相邻两边长取不同值时就得到不同的标准克里格偏差值，以监测孔密度为 X 轴，标准偏差为 Y 轴组成的曲线图构成密度图。密度图上的拐点就是最优化点，可以确定监测区域的部分网格，相应的监测孔数就是需要的最优化监测孔数量，并且根据实际情况进行调整，直到形成符合要求的最优化监测网络。目前基于估计误差的平均 Kriging 标准差与样本点数构成的密度图来设计监测井数和监测网布局是克里格插值法应用的主要方向。

国内许多学者利用克里格法对现有地下水监测井网进行了优化配置。宋儒利用泛 Kriging 法对 30 个实测点和 45 个未知点的地下水位线性进行无偏最优估计，通过对比多个方案，分析其估计误差的标准差，实现了对格尔木河流域地下水位动态观测网的优化配置。郭占荣等对普通克里格法在观测井网优化中的应用思路和实现方法进行了论述，并对河北平原部分区域 562 口水位观测孔进行了优化，剔除现有观测孔 131 口，新增观测孔 27 口，优化后的地下水观测井网可以达到要求的水文地质信息精度。

（三）信息熵法

随机信号中所包含信息量大小的评价标准即是信息熵，它是根据随机信号出现的概率大小对信号中所含信息量进行度量。地下水观测孔信息熵的实际意义是：某观测孔记录的历史观测数据是一系列随机信号，若地下水位处于稳定不变的状态是一种确定性事件，观测孔没有提供新的不确定信息，其信息熵为零；如果该观测点的水位或水质出现变化，观测数据可能分布在不同概率区间，此时观测数据包含新的不确定信息，其信息熵有变化。监测要素变化越大，说明该点地下水变化动态的非确定性越大，其信息熵也越大，为研究不同地下水水位及水质变化，这种观测孔也更具有持续观测的价值。因此，信息熵的大小可以反映出观测孔提供信息的能力。

信息熵法计算简单快捷，更易实现，效果优于最小二乘法、概率权重距法及累计量法等其他传统的参数估计方法。因此，信息熵法在水文水资源领域得到了广泛深入的应用。2001 年，陈植华和丁国平根据水位信号衰减与距离的统计关系来确定适宜旳站网密度，并通过站点间的信息来判断冗余站点，分析删点前后站点空间插值形成的地下水位形态所产生的变化，证明删除站点后几乎没有损失站网信息。2002 年，Singh 和 Mogheir 引进信息熵理论，利用信息熵等值线图的平均值来评价一个地下水监测站网，该方法的观点是信息熵值最低的地点提供的信息最为稳定，应该作为优先监测区。

（四）聚类分析法

聚类分析也称为群分析、簇群分析等，是数值分析学的一个分支，它将多元统计的理论应用于分类。聚类简单地说就是从数据集中找出相似的数据并组成不同的簇，同一簇中的对象尽可能相似，而不同簇中的对象尽可能相异。聚类分析法在应用于实际监测井网优化设计时，将监测区地下水水质指标作为变量进行聚类分析，可识别出具有相同或相似水质指标的监测井，或者污染浓度超标与否的监测井，从而可以找到特征相同或相近的一类井，这类井被认为能够相互替代，不同聚类井之间特征是相异的，被认为是需要保留的，再结合监测区域内实际情况，选出有代表性的监测井构成新的监测井网即可达到优化布设的目的。

国内学者应用聚类分析法进行了诸多成功的优化实例。李劲等人利用聚类分析法 (Q 型) 对河南安阳市地下水监测点进行优化设计，在遵循同类代替、兼顾各类、照应断面、特情补设、重点突出、点位连续等前提下，成功优化了原有的监测井点，取消了冗余观测井。魏明亮等人首先利用模糊聚类分析方法对某水电站坝址区地下水质监测点进行聚类，然后再结合各聚类中不同水化学类型的监测点到对应聚类中心的距离，提出了水质监测网的优化方案；结果表明，模糊聚类分析可以在坝址地下水质监测网优化中应用，并且所得结果较为细致、准确。

（五）BP神经网络法

BP 神经网络是采用误差反向传播算法的多层前馈人工神经网络。BP 神经网络具有分布式信息存储方式、大规模并行处理、自学习和自适应性等明显特点。运用 BP 神经网络对地下水监测井网评价优化具有处理复杂问题的能力较强、通用性较好等优点。

李祚泳等人运用训练好的 BP 网络对某地地下水水质监测点进行优选。结果表明使用 BP 网络进行优化具有简单、实用和客观性好的特点，同时发现 BP 网络建立的优化选点模型相对于其他一些优化选点模型计算量少，只需以某些指标的地下水水质分级标准作为样本对 BP 网络进行训练，然后用所得 BP 网络就可对具有这些指标监测值的地下水水质监测点进行优化评价，因此该方法的通用性较好。

二、展望

我国地下水监测网的建设运行相比发达国家起步较晚，相关的技术规范和法律法规不完善，随着社会的经济科技发展，由此引发的环境问题也日益凸显。因此，推进相关规范标准的制定，应用现有的优化方法来优化监测井网的布设、设置合理的监测频率、选取合适的监测指标以及探索开发新型优化方法是未来我国地下水监测网的建设和优化必须着重发力的方向。

第九节　眉县地下水动态监测工作

通过分析眉县地下水动态监测工作情况，对存在的问题进行了探讨，提出了科学可行的发展眉县地下水动态监测工作的建议，可供情况相近地区参考。

水资源是人类社会赖以生存的宝贵资源，水在我们日常生活、工农业生产中发挥着十分重要的作用。随着人口的增长、经济社会的发展，用水量也在快速增加。同时，由于人类活动的影响，局部生态环境的恶化导致天然水量减少；工业的迅速发展，水污染日趋加剧造成可利用水资源总量锐减，形成了水资源需求矛盾的紧张。

眉县水资源总量 3.36 亿 m3，其中地表水资源 2.24 亿 m3，地下水资源量 1.12 亿 m3。地表水资源可利用量为 2000 万 m3 左右，目前开发利用量仅有 850 万 m3。地下水资源可利用量为 7800 万 m3，目前开发利用量 5600 万 m3，地下水开发利用程度已达 72%。全县各行业用水 90% 都取用地下水。地下水资源对全县经济社会的发展起着非常重要的作用，合理开发利用和保护这一宝贵资源，使其可持续利用给地下水管理工作提出了更高更新的要求，需要我们以科学发展观为指导，全面规划，统筹兼顾，标本兼治，综合利用，讲求效益，为经济社会发展服务。

地下水动态监测工作是地下水资源管理的一项重要基础性工作，它是对地下水的数量和质量的变化状况实施动态监测，从而了解地下水在时空上的分布情况和动态变化规律，为地下水的科学规划，合理开发和利用、遏制地下水环境进一步恶化，防止地下水污染提供科学最直接的基础资料。是实现水资源可持续利用发展的必不可少的业务工作。

一、眉县地下水监测工作的回顾

眉县地下水监测工作始于 1977 年，根据监测等级布设了监测网，控制渭河山间盆地地下水面积 375km2，共有常观井 13 眼，日观井 5 眼，水质观测井 5 眼，统测井 50 眼；组建了一支较强的技术监测队伍，其中技术审核 1 名，技术员 3 名，资料收集检查员 4 名，观测员 18 名。严格按照《地下水动态观测资料整编技术规范》开展工作,从观测资料的数据复查复核,汇总上表并上报。年底整编"地下水年平均埋深等值线图""地下水年内变差等值线图""地下水年际变差等值线图",刊印"地下水水情简报",每季一刊,发送全县管理单位和用水单位,指导合理开发利用地下水,为全县经济社会发展服务。30 年来,在各级领导的高度重视下,观测工作正常进行,共计积累原始观测数据 89000 多个,整编资料 2340 余册,为全县地下水科学管理规划和开发利用储备了系统的长期地下水水文信息资料。

当前,全县地下水水位呈下降趋势,2000 年～2007 年,渭河川道区年均下降 0.46m,黄土阶地区年均下降 0.72m,黄土残塬区年均下降 1.04m;其中以横渠镇豆家堡村为中心和金渠镇田家寨为中心的农业下降漏斗区,以县城和常兴镇为中心的工业生活下降漏斗区。这四个漏斗区面积正在逐年扩大,应引起重视。

二、眉县地下水监测工作存在的问题

随着经济社会的快速发展,眉县地下水监测工作已不适应形势发展的要求,主要存在以下方面问题。

(一)地下水监测网井布设数量较少,资料整编结果不能全面反观水情

20 世纪 70 年代,受当时经济社会条件的限制,地下水动态监测网布设主要是观测农业生产灌溉对地下水的影响变化情况,因此,观测井主要布设在广大农村区域,工业相对集中区和城镇生活区观测井很少,而且,我县地形地貌比较复杂,川、塬、沟、河、梁交错,地下水的补给、径流、排泄、含水层形式多样,仅有的 18 眼观测井数据只能反应局部区域地下水变化情况,不能完全达到反应控制区域地下水变化规律的要求。县城工业园区、常兴工业基地和汤峪旅游开发区地下水集中开采区域观测井布设仅有一眼,甚至没有,形成观测网中的"空白"。另外,在监测项目上只局限于水位的观测,水质、水温、水污染和超采区监测等项目没有开展。因此,全县地下水动态监测资料整编结果精度比较低,不能全面准确的反应宏观地下水动态水情。

(二)观测设备手段简陋,工作效率低、精度差

起初在建设监测网时,受资金等各方面条件的限制,观测设备、观测人员和观测井起点低。全县观测井有 80% 为农村生活民井,20% 为农灌深机井,都是一井多用,没有设专用观测井,观测员全部聘用当地农民,观测工具是尼龙测绳、钢卷尺,达不到技术规范要求的观测精度;资料收集检查人员骑自行车工作,遇到紧急情况或雨季,工作完成往往滞后几天,效率低下,影响了工作人员的积极性,监测工作受到制约,不能深入开展

水情研究和预测预报。

（三）经费严重匮乏，工作难以为计

观测人员工资还执行 20 世纪七十年代标准 0.6 元/次，下乡补助 4 元/天，常观井观测员 43.2 元/天，日观井观测员 108 元/天。20 世纪 70 年代至九十年代中期，观测经费逐年减少，到九十年代后期至今，经费微乎其微，只有从仅有的办公经费中挤出一点来，勉强维持工作正常开展。有些观测井年久失修，干枯坍塌，测量工具磨损老化，观测员观测费太低，有消极情绪甚至停测，都给工作带来了很大难度。

三、新时期如何开展地下水监测工作的思考和建议

眉县经济社会正在快速发展，地下水开发利用量迅速增加，特别近几年每年有 200 万 m³ 的增量，增量特征是：渭河川道区主要是工业和城镇生活用水，黄土阶地区主要是经济作物灌溉用水。面临的突出问题是：地下水位持续下降；开采量接近可开采量，开采量漏斗面积扩大，当地地下水水质矿化度增加；工业的发展，城镇化建设膨大，农业化肥农药的大量施用，造成地下水来自各方面的污染，特别是污染严重的小工厂周围，出现水井水质浑浊，有难闻的异味；沿渭河两岸，由于河内大量挖沙取沙，河床面扩大，河水向两侧补给增大，沿岸耕作地地下水位上升，造成土壤轻度渍化、盐碱化面积达 1 万多亩。

眉县经济社会发展中长期供水主要是地下水资源，因此，切实加强地下水资源管理，解决和纠正地下水开发利用中存在的许多问题，是水资源管理部门的职责，我们要以科学发展观为指导，以水法律法规为依据，充分认识到水资源可持续利用是实现全县经济社会发展的重要资源保障，地下水动态监测工作是地下水管理十分重要的基础工作，确立监测工作的发展方向和思路。通过笔者几年的实际工作体会，提出以下工作建议。

（一）健全完善全县地下水监测网络，扩大监测范围和覆盖面

抓住全国地下水监测网建设机遇，积极争取国家专用资金，沿南环线、西宝南线、西宝中线为东西主线，以姜眉路、河营路、法槐路、汤槐路、汤横路、青河路为南北纵线，重新规划监测网布设，在修复改造原有 18 眼观测井基础上，增设观测点 15 个，统测点 50 个，彻底消除监测"空白"区域，突出工业集中区和城镇生活集中供水区，重点一是县城区、霸王河工业园区、渭北工业区以及汤峪旅游开发区；二是超采下降漏斗区。

（二）更新监测设备和技术手段，提高精度

按照地下水监测工作的要求，分期分批实现监测设备更新，自动化与人工监测相结合，对重点监测区域装置"WS-1040 地下水动态自动监测仪"，增加监测工作内容，由单

一的水位观测增至水质、水温、分析研究、预测预报等,配置现场简易水质分析仪、水温测量计,准确掌握水情动态,提高监测精度。

（三）加强监测人员的业务知识技能培训，为管理部门提供系统科学的监测研究报告

地下水监测一般工作包括测量、复核、资料收集、审核、上表汇总、绘图、分析研究、发布水情等内容，在水源地评价论证和区域规划中，还要做长期系列资料水文分析，对不同岗位人员的业务知识培训很有必要，对野外观测人员，要求学会不同测量仪器的使用，误差率的计算，规范记录等基本知识，对内业人员要具备水文计算基础知识和水质检测检验技能，更重要的是不断提高用专业知识研究分析问题的能力，严格按照规范要求做好工作，为管理部门提供规范科学的整编报告。因此，专业知识化和信息化培训是地下水监测工作的一项重要内容。

（四）落实经费，为地下水监测工作持续发展提供保障

地下水监测工作是一项社会公益性基础工作，短期内不能产生直接的经济效益，在当今经济社会，要得到持续发展，除积极争取上级建设投资的前提下，必须理顺经费渠道，取得县级财政的支持，确保这项工作向更高更好方向发展，为经济社会做出良好的服务。

水文地质试验研究

第一节　现场水文地质试验方法的适用性

随着水利工程的重要性逐渐提高,对水利工程的质量要求也随之升高,作者根据实际的工作情况,详细分析了目前水文地质试验方法存在的不足之处和原因,主要介绍对水文地质进行合理的观测、引进新技术,开发新仪器以及重视地下水动态研究等三种试验方法和具体的运用,阐述对现场水文地质的试验方法完善。

一、现场水文地质试验方法的重要性

在我国目前的水利工程中,水文地质的试验方法起着非常重要的作用。一般而言,水利工程都承受着一定程度的水压或者水位,水利工程是否能够正常发挥其作用和其自身所处的地基以及其透水性能紧密地联系在一起,因此,在对一个工程的勘察过程中,必须确保水利工程地基的透水性能和其自身性质量,对现场水文的地基试验是明确整个水利工程透水性能最直接、最可靠的方法。然而,在现实的水文地质试验过程中,难免会出现一些问题,相关的工作人员必须引起注意。下面将主要介绍现实生活中对现场水文地质的试验方法以及可能会出现的问题,对这些问题进行详细的分析并提出相关的解决措施。

二、现场水文地质试验方法当前的状况以及相关问题的研究

（一）钻孔不当

在对现场水文地质进行试验前,一定要合理的对现场地质进行观测。对钻孔的观测在现场水文地质的观测过程中发挥着非常重要的作用,然而,在实际的操作中,在对钻孔的现场水文地质进行观测的过程中常常存在许多纰漏。例如,对钻孔的水文地质观测的不够全面,致使工程后续的一些工作没有办法顺利展开。在对钻孔进行观测时,有些相关的工作人员不注意查看温度的变化,进而忽略温度给钻孔水文地质的观测结果造成的一定的影响。在对水文地质进行观测时还需要对其进行良好的管理,假如出现不当的管理,得出来的观测数据就不是自己想要的,得不偿失。

（二）对地下水动态的研究不够

观测地下水的动态不但能够掌握地下水的补给和变化状态，并且可以为后续合理开采运用地下水提供一定的根据。但是当前许多相关的技术人员对地下水动态的观测并不重视，工程的相关人员把大部分的精力都用在研究工程的其他方面了，缺少对地下水动态的研究的投入，不了解对地下水动态的研究对现场水文地质的试验具有非常重要的作用，这种问题在我国很多地方普遍存在，应当引起工程工作人员的重视。致使这种现象发生的原因有许多，其中，影响最多的就是人为因素，水利工程的技术人员需要再研究的细心一点，对问题考虑的周全一些，后续的工作效率会大幅度提升。

（三）水文地质的试验仪器陈旧落后

当前的科学技术快速发展，现场水文地质的试验仪器更新换代的速度也越来越快，以往的一些试验仪器比较落后，不能满足当前科学技术变化的速度。就比如对水文地质的试验仪器来说，当前国外一些比较先进的科学技术早已开发并使用，但是我国的水文地质的试验仪器还很落后，在一些发达国家很早之前使用的已经落后的试验仪器我国还在使用，对现场水文地质试验的精准度完全比不上先进的实验仪器，因此，我国还需要与时俱进，更新水文地质的实验仪器，确保试验的精准度。

三、现场水文地质试验的方法及其具体应用

（一）对现场水文地质进行合理的观测

在对现场水文地质进行观测前，应当明确将要对钻孔水文地质的观测内容。首先，现场地下水的动力因素，包括水位的大小和水压的大小，如果水压的大小不同，那么涌水量的多少也不相同，这是需要工程相关人员注意的地方。当一些高温地热在钻孔的时候含有水蒸气，这就需要相关的工作人员仔细观测水蒸气在流量不同的情况下处于的位置，压力大小不同的情况下，汽水混合物喷出的状态也不相同。另外还有一个应当需要观测的内容是地下水的物理化学性质，地下水的物理化学性质方面包括的东西会稍微多一些，例如温度、水压力、含热量、热水以及蒸汽的化学成分与取样的时候水和气体的质量比等内容。在实验时需要注意选择使用合理的方法，并达到需要的标准。在观测水位的时候，对每一个钻孔都需要测量初见水位与静止水位。就确定钻孔的涌水量对自流水而言，可以直接采用放水的方法测量出钻孔的涌水量，而对非自流水而言，可直接采用抽水试验的方法来确定其涌水量。目前很多

的生产部门都采用不稳定流的方法来计算，采用这种方法就可以不用花费很长的时间去抽水测量，而且还可以得出有效地测量数据。在对地下水的物理化学性质进行观测的时候，不管是在钻孔钻进的过程中还是在动态的观测过程中，都需要考虑到钻孔中水的温度和压力，并取样对其气体的成分进行详细的分析，进而明确地下水的性质和类型，为后续对地下水进行评价提供有效可靠的根据。

（二）重视研究地下水的动态

研究地下水的动态时可以从四个方面重点着手，尽管还有一些地方不够完善，但是足以弥补目前我国对现场水文地质试验过程中对地下水研究的空缺。要想了解研究地下水的动态，首先，要长时间观察地下水。在观察地下水的过程中，选择观测转孔的大小应当紧密结合地质、水文地质的条件以及观测地下水的目的等几个方面，另外，为了扩展研究地下水的开采的区域，应当尽量把非生产孔放置在生产孔的周围以及远离其影响的区域，对水位进行观测通常可以和对温度进行测量同一时间进行。其次，分析地下水的动态时一定要在平常对其动态的观测与整个水文地质的试验勘探中进行，再经过相关工作人员的综合合理的研究，制定出各个观测孔的水位、水量以及水温等因素随时间不同而变化的曲线图。使得地下水动态变化的因素多种多样，比如水文、地质、气象、宇宙、生物以及人为的活动等都会影响到地下水位的动态。其中宇宙因素对地下水动态的影响是间接的，是通过大气圈和地表水圈的影响转变而来的。这些因素的不断变化一起作用到地下水的身上，使得地下水的动态呈现完全不同的特征，这就在一定程度上增加了对地下水动态的研究的难度，因此，研究地下水位的动态工作比较复杂，研究地下水的技术人员要具备很好的创造力和良好的毅力。在研究地下水动态的过程中仔细绘制出地下水的水文过程线，水文过程线是在很多影响因素的共同作用下一起形成的。以上几个方面都需要互相联系结合进行研究，只有这样才能得到很好的研究效果。

（三）引进新仪器、新技术

建立水文地质的物理模型是一个非常棒的创新模式，关于地质类的学科本来就是非常具有立体感的一门学科，需要熟悉掌握地下水的形成条件、运动规律以及矿床在地壳中呈现的状态，然而，这几个方面都需要建立一个空间三维立体的实体概念，给相关技术人员的知识更新带来一些困难，假如此时能有关于这方面的物理模型展现其比较真实的特点，就可以给相关人员的学习带来感性认识，目前比较普遍的两种物理模型是潜水型地质模型和承压水型地质模型。可以开发出地下水渗流装置的新仪器,下面作者主要介绍入渗以及平面渗流的模拟装置,这个装置是以室外平面渗流水文地质的实体为主要对象,与模拟现实渗流区矩形条块相似。其主要原则就是把大自然内水文地质的实体按照一定的比例缩小制作成物理模型,仪器主要是由渗流的试验箱、给排水的溢流箱、排水系统、测压管的注入箱等部分共同组成的。可以经过这个装置模拟地下水面的降水和运动,模拟地下水入渗的特征和整个过程,而且可以测量地下水实际的流速,应用公式求解的渗透系数。此试验仪器在我国也算一种比较先进的了,不过还需要相关的技术人员花一定的时间去消化和理解,先进的仪器不仅这一种,假如我国有人能够自主的研发与此相关的高科技仪器,并且得到国内外相关专家的肯定,这样不仅能够提升水文地质的试验效率,同时能够提升我国在此领悟的国际地位。因此,我国相关的技术人员应当充分发挥自身的才能,为国家贡献自己的一份力量。

综上所述,研究现场水文地质的试验方法在我国占据的地位非常重要。在对其进行研究的同时避免不了出现一些情况,直接导致最终的实验结果不合理,进而没有办法将其运用到实践中去。针对水文地质在试验过程中出现的这些问题,作者提出了一些解决措施和相关的建议,虽然还有一些不足之处,但是可以解决目前相关工作人员遇到的一些难题。在对水文地质进行试验的过程中,工程的相关人员应当谨慎,严密检查任何试验数据,确保不会发生任何问题,因为试验本来就是一门非常严谨的学科,不可存在任何纰漏,不然就会导致试验失败,无法将其运用到实际的勘察中。因此,要十分重视对现场水文地质的试验方法,健全对水文地质的试验,提升工程质量。

第二节　地下水资源的勘探及水文地质试验

我国地下水资源丰富,水资源是人的生活之本。对于地下水的开发工作是我国经济发展中重要组成部分。这样开采前期对地下水调查的调查就显得很重要。这种数据是保证利用地下水资源的规范开发。本节主要介绍地下水资源的勘探以及勘探时水文地质的研究方面问题。

一、在进行工程地质勘察中水文地质勘察过程中需要注意的事项

（一）在工程地质勘察中水文地质勘察的基本要求方面应进行明确要求

1.查明相关的水文地质条件

（1）区域性气候资料,如降水量、蒸发量、历史水位、水位变化趋势;地下水补给

排泄条件、地表水与地下水的补排关系及对地下水位的影响。

（2）主要含水层的分布、厚度及埋深，各含水层和隔水层的埋藏条件、地下水类型、流向、水位及其变化幅度；通过现场试验测定地层渗透系数等水文地质参数。

（3）场地地质条件下对地下水赋存和渗流状态的影响。

（4）是否存在对地下水和地表水的污染及其可能的污染程度。

2．水文地质问题评价内容

（1）查明地下水在天然状态及天然条件下的影响，分析预测在人为工程活动中地下水的变化情况，及对岩土体和建筑物的不良影响。

（2）按地下水对工程的作用与影响，提出在不同条件下应当重点评价的地质问题并提出防治措施。如对埋藏在地下水位以下的建筑物基础中水对混凝土及混凝土内钢筋的腐蚀性；对选用软质岩石、强风化岩、残积土、膨胀土等岩土体作为基础持力层的建筑场地，应着重评价地下水活动对上述岩土体可能产生的软化、崩解、胀缩等作用；在地基基础压缩层范围内存在松散、饱和的粉细砂、粉土时，应预测产生潜蚀、流沙、管涌的可能性。

（3）密切结合建筑物地基基础类型（如基坑工程、边坡工程、桩基工程）和施工需要，查明有关水文地质问题，提供所需的水文地质参数。

（二）对工程勘察中水文地质参数的测定给予足够的重视

（1）地下水水位的测定，在工程地质勘察中，凡遇含水地层时，均应测定地下水位。其中静止水位的测量应有一定的稳定时间，其稳定时间按含水层的渗透性确定，需要时宜在勘察结束后统一测静止水位；当采用泥浆钻进时，测水位前应将测水管打入含水层中 20cm 或洗孔后量测；对多层含水层的水位量测，必要时应采取止水措施与其他含水层隔开。

（2）测定地下水流向可用几何法，并同时量测各孔内水位，确定地下水的流向。地下水流速的测定可采用批示剂法或充电法。

（3）抽水试验应符合抽水试验方法可根据渗透系数的应用范围具体选用不同的方法；抽水试验宜三次降深，最大降深应接近工程设计所需的地下水位降深的标高；水位量测应采用同一方法和仪器，读数时对抽水孔为厘米，对观测孔为毫米；当涌水量与时间关系曲线和动水位与时间的关系曲线，在一定范围内波动，而没有持续上升和下降时，可认为已经稳定；抽水结束后应量测恢复水位等规定。

水文地质勘察工作的主要任务就是了解水文地质条件和对地下水资源进行开发利用，通过不同的勘探方法进行的水文地质工作。主要在野外进行勘察工作，在工作结束后需要进行附有调查图案的水文地质勘察报告。地下水的水文地质试验方法包括：钻孔的水文地质观测，动态研究，水化学成分分析等等。

二、地下水资源类型

（一）四大储量分类方案

四大储量是我国广泛使用的地下水资源分类，它是上个世纪从苏联引进的地下水"储量分类"，也就是将地下水分成静储量、动储量、调节储量以及开采储量。动储量，是单位时间内经过含水层的地下水体积；调节储量，是潜水位在变动带内部的重力型水体积；静储量，又称永久性储量，它是充满承压水层以及潜水位变动带内部空隙的重力型水体积。这三种储量由于代表一定时间内自然环境下的地下水总量，所以又称天然储量。开采储量，则是在经济技术合理的情况下，引水工程从地下水资源得到的水量，并且在预定时间内不发生水质恶化或者水量减少的情况。

（二）企、排、补分类方案

该方案是从地下水的角度出发，依靠地下水均衡基础，对地下水资源的分类，近年来，已经广泛利用。补给量，主要是通过地表水、降水以及灌溉水入渗等途径，让其转换成储存量的水量。补给量作为水资源的变量，会随着水文条件、气象以及人类活动等外界补给源的变化而变化；当排泄的基准面和补给量相对稳定时，补给量变为常数。在这过程中，根据补给量的具体形式，又包括：开采补给与天然补给两种情况。

排泄量，则是通过蒸发、溢出、开采、排泄等途径脱离含水层的具体水量。如果地下水动态是稳定的，地下水补给量和排泄量就会均等；如果地下水变化形式呈周期性动态形式，年补给量就会等于储存量年增量与年排泄量之和。储存量，则是赋予含水层的体积，它和矿产储量最大的差异是水体是运动的。当排泄补给始终平衡时，储存量以常量的形式存在；当补给以周期形式变化时，储存量会随着时间变化而变化，从而也以周期性变化而变化，出现调节、动、静储量三种变化形式。

三、钻孔水文地质观测

（一）水质分析内容

水质分析也可称作水化学分析，主要是通过化学方法和物理方法，对水中各化学成分含量进行测评，之后在对水质作出评价。水质分析一般包括放射性元素与化学成分分析、测压与测温、气体成分分析、水质动态研究等多个方面。

（二）钻孔水文地质观测内容

钻孔水文地质观测内容为地下水物理和化学性质、地下水动力所含要素。其中地下水物理和化学性质主要包括热水与蒸汽的压力、水化学成分，孔底和孔口的含热量、温度，取样过程中水与气体的质量比。而地下水动力所含要素主要包括在水头压力不同的条件下，钻孔发生的涌水量情况，以及水位、水压的大小。

（三）观察方法与要求

在对水头进行观察的过程中，必须测量各个钻孔的静止水位和初见水头。要按照标准的高度，设定合适的钻孔水位，针对自流钻孔来说，还要增加高套管在水头高度稳定后进行测量。如果含水层有着较高的变化频率，还要对钻具进行提升。而在测量钻孔涌水量的过程中，可以通过直接放水的方法，对自流水的流量进行测定。针对非自流地下水来说，要通过抽水试验对其涌水量进行确定。此外，在观测地下水物理和化学性质的过程中，要对钻孔中的水压和水温进行测量，同时分析样品中的气体成分，从而确定其性质与类型。

四、地下水动态的研究

（一）地下水的长期观测

在长期观察地下水的过程中，在布置观测孔时要结合观测目的、水文地质条件、地质条件等因素，因地制宜地进行考虑，一般观测孔最好是利用已有的勘探孔。同时为了更好地对开采区区域漏斗扩展进行研究，还要将观测孔在生产孔附近及其影响范围外进行布置。对于存在地表水的地区，要将观测点分别设置在流经本区段的上下游中，这样有利于对地下水与地表水相互影响程度和补给关系进行观测，水质、水温、水量、水位都是主要的观测内容。在观测过程中，通常情况下要5~10天观测水位一次，水量观测时间和水位一样。而在水质观测过程中，先要适当地进行加密取样，之后一个月取样一次。在观测水温时主要是对孔口与孔底温度进行测量，并且温度测量要和水位观测同时进行。

（二）地下水的动态分析

在钻孔没有揭露地下水前，在岩层中地下水处于比较稳定的状态。但钻孔揭露地下水以后，就破坏了地下水原有的动态平衡。因此，在分析地下水动态时，主要应在日常动态观测与整个水文地质勘探试验过程中进行，通过综合研究，将各观测孔在时间变化过程中，其水温、水量和水质等曲线图做出来。另外，在作出动态变化曲线的同时，也可以将一些必要的平面分析图做出来。在新疆典型盆地地下水动态分析过程中，先要从已有观测孔进行，观察该地区内十多个观测孔的水温、水量和水温，在对各观测孔水位动态的分析过程中，发现其都和主孔有着较为密切的联系。在主孔止水后，周围观测孔会出现水位普遍上升的情况。在对地下水动态变化进行分析后，将地下水区主孔影响半径图做出来，这样能够为地下水储量评价与补给、地质构造情况、对地下水的合理开发与利用等提供可靠依据。

（三）影响地下水动态的基本因素分析

人为活动、生物、地质、水文、宇宙以及气象是地下水动态的主要影响因素。其中宇宙属于间接因素，主要是通过地表水圈和大气圈的影响转换而成的。这些因素自身是不断变化的过程，并在对地下水产生作用后，能够让地下水呈现出不同的动态特征。通过归纳对地下水动态产生作用的各类因素后，将这些因素共分为 5 种不同的成因组合。然而因为这些因素不仅自身是不断变化的过程，同时变化速度差异也很大，相互之间还有着一定的影响，这就让对地下水的研究变得更加复杂。

（四）地下水水文过程线

地下水文过程线也被称为地下水动态观察曲线。对于在观测孔或井泉中测到的地下水水文过程线来说，很多都是众多影响因素共同作用所致的。一般情况下，在定量分析地下水水文过程线时，主要对水文曲线和影响因素的相关性与同步性进行对比，也可以深入对这两者间结构频率的相似性进行分析。在人类经常接触到的3~5km 深度的地壳中，在垂直方向共有两大含水系统，即浅部具自由水面的浅水和深部承压的地下水，这两大含水系统的地下水过程线属于两个不同的类型。其中浅部自由水面属于开放性含水系统，会受到区域排水系统、地表径流补给等多种因素的影响，其最大的水文特点为在时间流动中，每年雨季补给期呈现出不对称"偏态"形式，浅层地下水水文过程线能够将地下水消耗与补给的平衡关系反映出来。而深部承压含水层是一种半封闭或全封闭的含水系统，通过能量传播造成水文波动曲线，整体上为对称的"正态"形式。

近年来新疆地区地下水资源存在着严重浪费与过度开发的情况，并且地下水资源呈现出不均匀分布状态。所以，要做好对水资源管理工作，在水文地质勘查中要合理分析水资源各项影响因素，对水资源进行优化和合理调度。另外，要加强对地下水环境、水质、地下水调查的研究，为地下水勘探提供可靠的水文地质依据。

五、地下水资源进行水质分析

水文地质研究是开采地下水的一个重要内容,随着开采的勘探的不断进行,一定要在建筑工程中,注意水文的勘察,这是能够保证建筑物质量的一个重要方面。对地下水水文勘察能够保证居民饮用水的健康化,水文勘察是水资源能够正确开发的保证。

大型抽水试验是采用大流量、长时间、大降深的抽水,旨在对研究区地下水系统造成强烈的震动,达到暴露水文地质条件的目的,已在地质勘探研究中得到了广泛的应用,并取得了显著成果。但实际生产中大多采用单井抽水试验,其弊端是引起的地下水变幅较小,反应的水文单元在广度和深度方面都很有限,为提高地下水资源评价的准确性和可靠程度,在较高级别水资源评价中往往要求进行专门的大型抽水试验。本节以玉龙铜矿供水水源地勘探为例,探讨了在藏东高原岩溶区应用大型开采性抽水试验研究水文地质特征及评价地下水资源的方法。

勘探区研究程度较低,前期仅进行过少量的地下水调查和初勘工作,难以科学评价区内地下水资源。大型抽水试验在本水源地地下水资源评价中的成功应用,可对类似地区的水源地勘探起到借鉴作用。

水质分析亦可称为化学分析,指利用物理和化学方法来测评水中各化学成分的含量,然后再进行水质评价。地下水资源是水文地质试验的核心问题,需要着重调查和研究。

首先要介绍的是观测内容,主要包括地下水动力所含要素和地下水物理化学性质的观测。前者主要包括水压或者水位的大小以及在不同水头压力的条件下进行钻孔出现的涌水量。若对含蒸气的高温低热进行钻孔时,要仔细观察不同流量蒸气的形成部位。对于后者而言,主要包括孔口与孔底的温度、含热量、蒸气和热水的化学成分、压力以及在取样时气体和水的质量比。

其次要介绍的是观察的方法及要求。在进行水位的观察时,每个钻孔都应测量出初见水位与静止水位。钻孔的水位应该根据标准高度进行设定,对于自留钻孔则应加高套管来测其稳定后的水头高度。若含水层变化频率较高,则需要提升钻具。在进行钻孔涌水量的测定时,可直接放水来测定自流水的流量。而对于非自流地下水则需进行抽水试验来确定涌水量。在对地下水进行物理和化学性质的观测时,应测量钻孔中的水温、水压,还要对样品进行气体成分的分析,确定其类型和性质。

第三节　矿区地下水资源的勘探及水文地质试验

在施工标准如此规范的当今社会，人们愈发的看重工程勘察中的水文地质危害的重要性，这不仅关乎工程质量的提升，更重要的是施工安全的保障性措施都需要以此为依托做出合理化制定。基于此，本节将着重分析探讨地下水资源的勘探及水文地质试验，以期能为以后的实际工作起到了一定的借鉴作用。

一、当前我国水资源应用现状

我国是贫水国家之一，人均淡水资源的占有量不断减少，同时淡水资源分布不均，呈南多北少特点，因此需要防止人口过多地向缺水地区流动。虽然我国已经启动了南水北调工程多年，但是因为干旱区域的水资源形势严峻，在地质勘察过程中需要通过优化资源的控制形式，这样才有利于改变现状。因为地表水的传导水能力较强，总存储量较小，需要对地下水的含水量控制形式进行优化，并根据适宜情况制定具体的控制方法，对当前的设置空间进行调整，从而实现有效控制的最终目的。在后期的控制和干预过程中，工作人员需要依据工程的实际要求采用适宜的方法，对资源形式进行科学分析。

二、水文地质影响因素

（一）潜水位上升

工程施工：潜水位上升使施工风险大大增加，是因为上升的潜水位能够增加沙质土及粉质黏土的含水量，致使土质处于饱和状态，易出现流沙和管涌等问题。地基稳定性：潜水位上升使地基的稳定性变差，地基易发生隆起或侧移，从而引起主体歪斜，进而导致墙体发生破裂，难以保障工程质量。潜水位上升易长期浸泡地基，使土质发生化学变化，进而导致地下结构发生腐蚀。地下室水位：潜水位上升会影响地下室的水位，可能出现渗水问题，严重影响了地下室的正常使用。黏性土质含水量：潜水位上升会增加黏性土质的含水量，使得地基软化、不稳，甚至出现主体变形或沉降等现象。

（二）地下水水位波动

地基稳定性：地下水水位波动引起的影响是线性的，在水流经过的沿途都会对工程产生一定的影响，使土壤发生收缩或膨胀，进而导致地基开裂。对于木质结构地基而言，地下水水位波动会使木桩湿润与干燥频繁交替，加快了木桩的腐烂速度。含盐地层：地下水水位波动会对含盐地层产生影响，溶解的含盐地层易造成工程发生侧移。

土壤：地下水水位波动易使土壤的密实度和压力增加,从而引发基坑突涌、管涌问题。

(三)地下水水位下降

岩体：地下水水位升降大大影响了岩体的密实度,下降的地下水水位会减小对岩体的支持,支撑力变小,因此岩体的承载力会增加,由于支撑力不足,地面可能会发生塌陷。地基:地下水水位不稳定造成木桩的干湿交替,加快了木桩腐蚀速度,进而影响了建筑地基的稳定。此外,地下水水位变动加快了含盐层的溶解,易发生地基移动现象。岩石:地下水水位不稳定直接造成岩石不断收缩或膨胀,进而导致地基不稳定,地层不断发生收缩膨胀,地面可能会产生开裂现象。

三、地下水资源的勘探及水文地质试验

自然地理条件:自然地理条件是影响勘察的主要因素之一,因此对自然地理条件进行客观勘察,是水文地质勘查的最基本的内容,为水文地质勘查项目的有序开展提供基础性的保障。自然地理条件主要涉及施工环境的方方面面,例如气候特点、水文特征、地形地貌特征等。对水文地质条件进行勘察:勘察的内容分为三个部分:自然地理条件、地质环境条件、地下水情况。自然地理条件包括当地的气象水文特征、地形地貌特征,其中气象水文特征主要指气候条件、空气湿润程度等,地形地貌特征包括当地的地表水情况、地形地势情况等。地质环境条件指的是施工区域的地质构造特征、地基组成等方面的信息。

地下水情况的勘察分为地下水位的勘察以及地下水含水层和隔水层的勘察。在地下水位的勘察中,需要了解地下水位的变化情况,包括地下水位的历史最高、历史最低水位、地下水的流动情况,同时对地下水位进行测试,确定含水层的渗透性。

含水层、隔水层情况。含水层、隔水层的勘察主要有以下的内容:各个含水层的埋深条件和埋深水位,主要水层的厚度分布和水位情况,各水层的地下水的类型和流速流向及水位动态情况。在现场的地质水文勘察中,注意结合岩土工程的建筑材料对水的敏感度,科学合理应用地下水的渗透系数,结合施工现场的地质结构和周边的地理环境,着重分析各个水层对建筑材料的腐蚀程度,并据此判断指导岩土工程的材料设计。

水文地质参数的测定:主要方式通过抽水试验。在岩土工程的实际试验中,选取准确的岩层样本,岩心的选择尽量保证其完整的岩心,在试验过程,注意岩心的测试受到客观因素干扰,避免造成岩心破裂和污染。抽水试验要经过多次试验过程,通过三次对地下水降低深度,最终降深的位置与建筑设计的埋深程度一致,测量时使用统

一的测量仪器设备，达到统一的测定口径。抽水试验结束后，及时补充水位，恢复水位上升后进行必要的测量。同时，采用软化方法，判断岩石对地下水的软化程度。由于岩石的受力情况与岩石的干燥程度呈现正比关系，用软化的办法对岩石层面的耐风性、耐水性、透水性的指标参数进行测定，保证水文地质参数测量工作数据准确性和科学性。

对水文地质条件进行分析评价：在对水文地质条件进行勘察的基础上还要对水文地质问题进行严格、详细的评价，确定其对岩石土体性质和建筑施工所造成的影响，并对可能造成的安全危害进行研究，以采取有针对性的解决预防措施，保证岩土工程的安全。此外，水文地质资料也能够为地基施工方案的制定提供依据，确保施工安全。

切实加强水资源的保护：第一，加大水资源保护的宣传力度，激发人们共同参与到水资源保护工作之中，极大地提高水资源保护工作的效率和质量水平。第二，保护植被，特别是对于一些干旱地区而言或者是降水量大的地区，加强植被的保护工作更加重要，这样就可以在很大程度上防止土地的沙漠化或者是水土流失问题，进而有效地保护地下水资源。第三，国家应该制定相应的政策法规，通过国家政策来规范人们的实际行为，同时国家还可以通过补助的形式吸引农民自主的加入植被保护之中，从而有效地解决环境地质问题。

总而言之，在地质勘察过程中对水文地质危害进行深挖是极其必要的，同时这也是勘察项目中不可或缺的重要组成部分，危害分析的精准度不仅能够为施工质量的优化提升做出根本性保障，更能有效缩短施工周期，为后续项目的顺利推进夯实基础，相对的施工流程中的安全问题也能得到有效控制，这就要求我们在以后的实际工作中必须对其实现进一步研究探讨。

第四节　水文地质勘察孔分层抽水试验技术

近年来，我国的城市化进程迅速发展，这一方面促进了我国的经济发展，另一方面也加剧了土地资源的紧张形势。为了有效地缓解这种现状，需要加大对地下空间的开发和使用力度，而鉴于地下空间水文地质的复杂条件，为了确保建筑施工的顺利进行，需要加强对水文地质的勘察工作，并且采用先进的勘察技术。本节对分层抽水试验技术在水文地质勘察中的应用做了分析和探讨。

伴随着我国科学技术的发展和进步，我国关于水文地质的勘察工作，也取得了较大进步。近年来，越来越多先进的勘察技术被研发出来，促进了我国在水文地质勘察方面，也取得了历史性的突破。人口的急剧增多，加剧了对土地资源的使用，而为了满足越来越多人对土地的需求,保障人们的物质生活条件,需要加大对地下资源的开发力度,建造地下停车场、商场、地下交通等。本节主要分析了水文地质勘察工作中的一项勘察技术—分层抽水试验技术,并且对其使用工艺和工作流程作了探讨,提出了在应用过程中应该注意的几点事项。

一、分层抽水试验技术在水文地质勘察中的应用

下面以工程实例来论述分层抽水试验技术。

(一)分层抽水试验所需的装置

分层抽水试验的装置在使用时,可以将进行水文地质测量的地下水分为上下两层,并且依据装置的特定设计,按照潜水泵的工作原理,将上下两层水分开进行水文地质的勘察工作。分层抽水试验装置包含三部分的结构设置,即:花眼钻杆、压缩止水器、双封止水器。

压缩止水器在使用时可以测量分层地下水的水质情况。在设计压缩止水器的相关构造时,需确保止水器处于死管的位置,并且选用晾干的海带作为止水器的材料。在利用该装置进行水文地质勘察工作前,需要进行止水试验,确保管内外具有一个水位高度落差,如果落差的高度在 10m 以内,即为证明止水试验成功。

双封止水器的作用主要是为了提高勘察的工作效率,确保对于分层地下水的水文地质勘察工作可以单独运行。它主要依靠钻杆和焊接椎体的相互作用和有效配合,当钻杆向下压时,进行勘察上层水的水文地质情况;锥体和追盘紧密接触时,检测下层水的水文地质情况。

(二)分层抽水试验的准备工作

为了确保分层抽水工作的顺利进行,需要对管外止水和管内止水进行有效的管理和设置。

1.管外止水

管外止水作为分层抽水工作的基础工作,对于确保分层抽水工作的顺利进行,具有促进作用。首先需根据测井情况和取芯结果,来确定止水的位置为 115m,然后需安装 2 个止水托盘,直径为 415mm 左右,并且需在下面的止水托盘处安装圆形的钢板,并且其直径大小应小于上部止水托盘的孔径,在两个托盘之间需要捆绑海带包。如果在 115m 孔深处,填充砾料时,就不需在管外止水的变径处安装止水托盘,可以通过测量砾料的深度来确定止水的部位,并且可以填入 10m 高的黏土球。最后,在完成分层抽水试验的准备工作时,计算出止水的位置。

2. 管内止水

在进行管内止水时,需选择暂时性的止水来进行分层抽水试验,并且确保隔水管、井管等抽水装置没有砂眼。在隔水管的底部安装止水托盘,并且在托盘的下方安装止水橡胶圈,确保止水橡胶圈的直径为 115mm ~ 200mm,也可以在托盘上捆绑海带包。在进行下部抽水试验时,需将导向管割成孔径为 25mm 的圆孔,便于下部井管内的水流入其中。在进行上部抽水试验时,可以选择保留下部井管或者放弃下部井管两种方式。

（三）对抽水试验的检查工作

在进行下部的抽水试验阶段时,如果井管和隔水管之间的水位保持静止,并且不受水头压力差的影响作用,就可以认为止水符合水文地质的要求。如果井管和隔水管之间的水位不断发生变化,并且在抽水试验的过程中,水位逐渐下降,就意味着管内止水失败,需查明原因后且重新进行抽水试验。

（四）分层抽水试验的实施

在进行分层抽水试验之前,需严格做好抽水试验装备的检查工作,并且确保抽水试验的各项准备工作得到有效落实。需按照水文地质勘察的要求,来选择合适的抽水泵,例如,可以选择空压机抽水泵等。分层抽水试验分为管内止水和管外止水两个工作阶段,需严格控制好每个阶段的稳定时间。可以根据水文地质条件,选择水温计、水位测量仪等试验仪器,来开展分层抽水试验。最后,需编制分层抽水试验的设计方案,并且针对试验过程中存在的问题,提出相应的应对措施和质量控制手段。在进行抽水试验的过程中,需严格做好相关的数据记录工作,并且对试验的过程进行密切观察。完善试验过程的 q-s 曲线,如果发现问题,需多进行几次试验。

（五）分层抽水试验的钻探工艺

在实施钻探工艺时,首先需加强对施工现场的勘察工作,并且确定好钻孔的位置、孔径、孔深等,依据抽水量的大小来确定钻孔的孔径和孔深。在对某地区进行水文地质勘察工作时,最终选择了孔径为 125mm 的钻具,就需将止水位置控制在 115m 处的深度,在完成取芯任务后,需综合分析取芯结果以及测井的情况等,对于 115m 以上的地方,选择深孔径为 400mm ~ 500mm,115m 以下的孔深位置,选择 304.8mm 的孔径。深孔在勘察水文地质的情况时,需保留一个止水的台阶位置,从而确保可以进行止水器的安装工作,并且最终实现分层抽水。

二、分层抽水试验技术在水文地质勘察中应用应注意的问题

（一）提高相关勘察人员的技术水平

水文地质勘察单位如果想在竞争激烈的市场环境下,保持竞争优势,并且紧跟时代的发展步伐,顺应时代的发展需求,就需不断深化对勘察技术的改革措施,积极创新和研发新型的勘察设施,摒弃那些陈旧的机械设备。此外,为了强化勘察工作人员的勘察技术水平,水文地质勘察单位还需积极引进掌握先进技术的人才,并且加强对内部员工的培训和管理工作,不断提升他们的专业素质和技术水平,强化他们的责任意识,从而不断提升企业内部的竞争优势,确保水文地质的勘察质量,最终促进勘察工作的顺利进行。

（二）加强对水文地质勘察过程的监管工作

为了确保水文地质勘察工作,在一种规范化和有序化的程序中进行,需要创建相应的施工监管部门,并且加强对勘察过程的监管作用。监管部门的建立,需有效落实对水文地质勘察工作的监管作用,确保水文地质勘察工作落到实处,从而保障当地的水文地质条件有利于施工的安全、有序进行。此外,还需加强对水文地质勘察工作报告的监管作用,加强对勘察数据的分析和整理工作,从而确保工作报告中的数据科学、有效,极大的提升水文地质勘察工作的效率,保障工作质量。

鉴于水文地质勘察工作的复杂性、烦琐性、重要性,为了促进水文勘察工作的有序进行,需要加强相关管理人员对施工设计、施工过程、竣工验收等工作,进行科学有效的管理和控制,并且针对施工现场,进行严格的监管工作,确保施工的每道工序都在一种规范化的程序中进行,从而确保施工的质量安全,推动施工的高效进行。

第五节　岩土工程勘察中水文地质试验与地下水监测

岩土工程是建筑工程施工的基础工程,其勘测数据的准确性关系着建筑工程施工的安全性,特别是查明水文地质环境条件,更是与建筑工程施工与安全息息相关,因为地下水的赋存形式与动态变化会导致场地出现崩塌/滑坡以及地面沉降等地质灾害及涌水、涌沙等情况,使得建筑工程存在危险及隐患,威胁着人员的生命和财产安全,因此应该引起我们的重视。但是在实际的岩土工程勘测中,勘测人员往往不重视查明场地的水文地质条件,忽视水文地质试验以及地下水监测工作,使得工程施工及运营中存在安全隐患,所以本节通过研究岩土工程勘察中通过水文地质试验查明水文地质环境条件与进行地下水监测的重要性,以期提高勘察人员对水文地质的

重视程度,减少工程项目的安全隐患。

地下水是赋存在地面以下岩石空隙中的水,而水文地质则是指地下水的各种运动和变化,地下水的存在形式和变化与工程地质密不可分,既相互联系又相互影响,而且由于地下水是岩石土体的一部分,其变化会直接导致岩石土体的特性改变,从而对建筑工程的耐久性和安全性产生影响。但是在岩土工程的实际勘测中,勘测人员对于水文地质的试验与地下水监测并不重视,勘测数据也很少利用水文参数作为参考依据,甚至只将水文地质的试验当作象征性的步骤来进行,这使得因地下水变化而引发的建筑工程质量问题频发,不利于建筑企业的发展,因此勘测人员应该重视工程勘察中水文地质试验与地下水监测的重要性,了解地下水可能对岩土土体造成的危害和影响,并提出预防控制措施,以确保工程建筑的安全。

一、地下水变化的危害

地下水的变化会使得岩土土体出现滑动、地面沉降等情况,影响建筑工程的稳定性,其主要原因是因为地下水受到施工现场的环境因素影响,如大雨、人为等,导致地下水位出现升降变化以及渗透力(动水压力)作用,从而影响土体的稳定性,特别是对于砂性土壤和粉质土壤等渗水性强的土壤,地下水对其的影响颇大。而且当工程排水措施工作不到位,使地下水达到一定的程度时都会对岩土土体的稳定性造成威胁,以下是因地下水位的变化而导致的危害:

(一)地下水位上升引起的危害

导致地下水位上升的原因十分复杂,主要可分为地质因素、气候因素以及人为因素。其中地质因素有施工场地地质的含水层结构情况、岩层的产状以及岩石的岩性;气候因素有降雨量和气温变化等;人为因素有人工灌溉以及工程施工等,同时,造成地下水位上升的因素也可能使这几种因素的共同作用。而因地下水位上升引起的危害则主要是:①施工场地的土壤盐渍化或沼泽化,地下水以及岩土对工程建筑的腐蚀性增加;②工程的河岸或者斜坡边坡等,因为水位升高,渗透作用大,使得出现岩土滑移、坍塌等影响建筑稳定性的情况;③破坏具有特殊性土质结构的稳定性,使得土质密实强度下降,出现软化的现象。④使得粉质土壤、粉细砂因含水量大而出现饱和液化,引起管涌、流沙等水土流失情况。⑤施工场地的地下洞穴因水位上升而遭到淹没,基础上浮,使得工程建筑的安全性低。

(二)地下水位下降引起的危害

对于地下水位的下降,成因主要是由于人为作用造成的,例如为了减少地下水含量，进行集中抽取地下水、在进行采矿时对矿床进行疏干以及在上游建筑大坝、修建大型水库以拦截下游地下水的补给等，人为的迫使地下水干涸，地下水位过分的下降会使得地面干旱开裂、沉降和塌陷等，不仅施工困难，而且影响生态环境平衡，同时过分抽取地下水还会使得地下水枯竭，水质恶化，影响工程建筑以及人们生活环境的安全性和稳定性。

（三）地下水位的频繁变化引起的危害

引起地下水位变化频繁的原因多变，一是由于地下水位的过分下降，使得地面出现干枯开裂等情况，所以施工人员对其临时的进行地下水的补给，二是由于地域的蒸发作用，使得地下水水位下降快，三是因为气候降水的影响等。地下水位的频繁变化会使得膨胀性质的岩土出现不同程度的膨胀收缩变形，甚至膨胀收缩的幅度范围不断扩大，造成地面开裂，使得工程建筑遭到破坏。因此，如果建筑工程的地质属于膨胀性质岩土，则对岩土工程的勘测是应该注意施工现场的水文情况以及地下水的含量，当地下水位出现频繁变化时应该立即采取有效的措施，而对于工程地基的基础深度选择上最好选在地下水位以上或者以下的位置，避免选择地下水位的变动带里。

（四）地下水动力平衡改变引起的危害

虽然地下水受到动水压力的影响较为轻微，通常不会引发太大的危害，但是在人为的工程施工影响下，地下水的动力平衡会出现失衡的情况，然后在地下水的动水压力影响下，导致岩土土体出现流沙、基坑突涌以及管涌等严重的工程危害，影响工程建筑的稳定性。特别是对于高层建筑在进行深基坑的开挖中，往往因承压水头所承受的压力值超出其自身的承压限制，导致出现基坑突涌。基坑突涌的形式通常与建筑的承压水层岩性与类型相关，如果承压含水层属于岩溶水、裂隙水，或者属于砾砂、中粗砂以及卵砾孔隙水等时，建筑的基底顶会出现开裂，地下水从基底顶的裂缝中流出，导致基坑出现积水；如果承压含水层属于细粒砂层时，则基地会出现喷水和冒沙的现象。基坑突涌不仅给建筑工程的施工带来一定的难度，还会导致地基的强度被削弱，边坡失稳。因此，为了避免出现基坑突涌的情况，施工人员可以对其进行预防和控制，控制建筑基坑的开挖深度，让基坑与地下水保持一定厚度的隔水层，避免出现基坑突涌的情况，同时，施工人员可以在建筑基坑的外围根据工程的实际情况设置一定数量的排水孔，避免承压水位的升高，降低了承压水头的压力。

二、地下水对岩土土体性质的影响

通常地下水位以上的部分、水位以下的部分以及水位的变动带都会出现较为明显的变化，且变化遵循着一定的规律进行，即岩土土体从上到下的含水量、孔隙比规律为小、大、小，而承载力以及压缩模量的规律是大、小、大。这辩护的规律主要是由于地下水位以上的部分会经常受到淋滤的影响，使得铁铝含量丰富，胶结充填岩土颗粒，让岩土颗粒之间的连接能力增强，形成硬壳层，所以地下水位以上的部分含水量与孔隙比小，而承载力以及压缩模量增大。对于地下水位以下的部分，因为地下水之间的交替较为缓慢，水解和氧化的作用比水位以上部分小，在覆土层的重力压力下，地下水位以下的部分较为密实，因此其含水量和孔隙比减小的时候，承载力以及压缩模量增大。但是在强风化岩与残积土的接触部位，因为强风化岩自身含有风化的孔隙裂隙水，会直接影响残积土的底部土层，使得强风化岩与残积土之间存在软塑的土层作为过渡。而在地下水位的变动带土层，因为地下水的变化频繁，使得岩土层中的铁铝流失，岩土颗粒缺乏胶结充填的物质，导致土质疏松，因此其含水量和孔隙比增加的时候，承载力以及压缩模量会降低。

三、解决措施

（一）提高对水文数据的使用率

在实际的岩土工程勘测中，许多勘测人员并不重视对施工场地水文地质以及地下水的监测工作，勘测数据往往缺少地下水文情况对工程施工的影响和危害等内容，导致勘测数据不能全面地反映出工程施工的地质情况，不利于建筑工程设计以及施工的进行，因此，勘测人员应该提高水文数据的使用率，合理的对水文问题进行评价，同时考虑以下几点内容：

（1）勘测人员应该重点关注地下水以及其变化对岩土土体和工程建筑的影响，预测在施工中可能会出现的情况，提前制定大体的应对措施。

（2）勘测人员在进行勘测工作时，应该根据工程建筑的实际要求，查看地基等基础类型是否能满足工程需要，详细的记录下地下水的变化情况，以作为选型的参考依据。

（3）勘测人员除了要勘测地下水的具体情况，还要对其进行预测，判断在工程施工中会给地下水变化造成什么影响以及地下水可能对岩土土体和建筑工程造成的反作用情况。

第三章 水文地质试验研究

（二）重视水文地质的试验与地下水监测

为了保持岩土土体的稳定性，保障建筑工程的施工质量，勘测人员应该重视水文地质的试验与地下水监测，了解和掌握地下水的变化规律。通常所说的岩土的水理性质主要是指地下水与岩土之间互相作用而产生的各种不同的性质，岩土的水理性质不仅仅会影响岩土土体的强度以及变形情况，甚至还会影响到工程建筑的稳定性。地下水赋存形式的不同往往会使得岩土的水理性质出现改变，因此勘测人员利用水文地质的试验与地下水监测，能更好地了解岩土的水理性质，并作出科学合理的预测。

工程勘察中，水文地质的试验与地下水监测能有效了解和控制地下水位的变化，避免因地下水位的变化而影响岩土土体和工程建筑的稳定性，在确保地下水动力平衡的同时，保障建筑工程的施工安全。

第六节 超深涌水钻孔的钻探工艺及水文地质试验

C4Z-G-05 孔为某铁路高黎贡山隧道工程勘察钻孔，钻孔深度 1075.5M，钻探的过程中分别在孔深 288-400M 和 611-724M 穿过，落差大于 100M 断裂构造破碎带，而且还出现了涌水以及漏水的情况，施工非常困难，水文地质试验难以进行，但是通过及时调整了合理的施工顺序，根据自身的设备特点以及施工的进展情况，调整钻进的数据，从而完成钻孔的工作，目前，我们在水文地质试验的过程中要不断地适应环境并且不断地调整计算公式，以完成工作内容，取得良好的效果。

本节作者分析了 C4Z-G-5 钻孔的情况和存在问题，地质结构较为复杂，钻孔中出现涌水情况，并且水文地质试验难度较大，本节具体分析了钻探过程和水文地质试验的具体方法及结论，对相关工种来说是很好的学习和研究。

一、钻遇地层及施工情况

高黎贡山隧道通过区地表覆盖着第四系全新统，滑坡堆积、泥石流堆积、粉质黏土、角砾土、碎石土、块石土、卵石土，下伏基岩为高黎贡山群上段片麻岩，高黎贡山下段，变质砂岩、大理岩、断层破碎带之断层角砾等地层。施工的环境很复杂，以上是 C4Z-G-5 钻孔工作进行时的地层结构分析，在施工中，环境的复杂，造成了有许多的难点疑点。

二、钻探工艺

（一）钻进工作钻头的选择

在钻探中，从开孔到钻头钻至孔终要严格关注钻头的大小参数，不同深度，不同阶段的钻探要用不同规格的钻头。在钻探时，要根据钻进工作的进展来考虑钻进参数的调整，关注机械设备的运转情况和钻探工具的运动情况结合考量怎样调控技术参数，且全孔都要使用软胎体金刚石钻头，这样可以减少由于工作强度而产生的钻头崩裂损坏，延长钻头的寿命，另外，如果钻头不坚固，还有可能产生危险事故的发生，也会给钻探过程带来麻烦，浪费时间，所以对钻头的选择时，要注意防止事故，减小钻头损害的可能。

（二）钻孔护壁措施

（1）C4Z-G-5钻探的孔壁问题。C4Z-G-5孔属于超深钻孔，而且地理环境复杂，地质结构特殊，岩体有破碎的情况出现，这样的因素会导致在钻孔工作进行中，会有石块等异物掉落，卡主钻头，出现事故导致工作停滞，而且C4Z-G-5孔在钻探中，频繁的涌水，为钻探带来了阻碍，在此孔钻探中主要治理涌水情况，堵住漏水点，将地压稳定到平衡值，稳步的进行钻探工作，尽量减少可能出现的事故，提高钻探的效率。

（2）泥浆及其性能问题。对于泥浆正确合理的使用是很重要的，它起到保护孔壁，使孔壁稳定的作用，所以基于此，全孔都要使用性能较高的泥浆，高质量的泥浆能够使孔壁较为坚固，为钻探工程提供保障。

（3）钻孔各层段泥浆的使用问题。根据钻探我们得出，要根据点地质岩石、完整程度还有结构的不同，使用不同类型的泥浆，要根据实际情况及所在地域的地质特性，综合考虑泥浆的配制使用。①在钻孔深度达到288M以上时候，可以使用K31护壁型泥浆，主要目的是保护孔壁，减少孔壁的伤害。②深度达288M时，钻头会穿过见龙潭断层破碎带，此时会有地下水涌出情况发生，要使用高分子聚合物加重型水泥，这种水泥的黏度较高，可以有效地压制住涌水情况。③在达到392M时，泥浆稀释没有及时补充，地下水涌出至地面，涌出的石块直径有四厘米，导致钻探工作中断，此时要进行压力水头还有涌出水量的监测，通过检测数据观察到破碎带的水文地质参数。钻进工作能够继续进行首先要控制住涌水的情况，然后护住孔壁，才能顺利穿过破碎带，继续接下来的钻探，及时调整泥浆的调配比例，加大密度，使泥浆强度提高，吸附力增大，泥浆的性能提升，解决了孔内的压力问题，孔内的地压平衡，孔深继续到 400M 穿过破碎带，402M 做涌水试验，试验结束后，要进行清孔捞渣的工作，最后将套管下放至指定的孔段。④孔深 400-611M 变质砂岩，为漏水地层，使用 801 堵漏型泥浆，根据漏失情况适当加入锯木粉等堵漏材料，黏度降低。⑤孔深 612-724M 再次出现涌水，处于安全角度，水文地质试验在终孔后进行操作，此时要调制加重型的泥浆，这种泥浆携带渣石能力较强，保护孔壁，堵住涌水通道。⑥孔深 726M 以下，主要是注意控制石砾掉块等，平衡地压，此时适合使用泥浆 801 堵漏型。

三、水文地质试验

（一）选择合适的水文地质试验方法

水文地质试验是隧道灯深孔钻井工作的重要内容，为了解岩层的含水性与渗透性，获取有关水文地质参数，根据钻探揭露地层岩性及水文地质特征对不同的含水层选择不同的水文地质试验方法。C4Z-G-5 孔情况复杂，岩体不完整，频繁的涌水，使水文地质试验不能按常规的方式来进行，所以要结合实际选择合适的试验方法，为了得到岩石的物理参数和性能，得到有关的数据资料，对不同的含水层要用不同的水文地质试验方法，有针对性地选择对象。一般我们选择的是以下几种试验方法：①松散层潜水试验；②断裂带试验；③要根据实际情况、结合自身设备，调整合适的试验方法，不同方法得出的数据进行计算，从而得出准确的地质分析结果。

（二）水文地质试验质量评价

现以 C4Z-G-5 在用上述方法做水文地质得出的数据进行试分析。① 130M 以上潜水含水层的抽水试验严格按《铁路工程水文地质勘察规程》（TB10049-20047）进行试验质量较好。②断裂带的涌水量观测试验与断层破碎带的涌水试验计算出水文地质参数比较，后者求得的渗透系数值明显偏小约 60%，分析原因是施钻过程中使用大密度泥浆压止涌水，含水层裂隙堵塞，洗孔不足，出现降深大补给不足的假象。以 392M 时涌水量观测试验获得参数，作为（F2）断层破碎代值，说明断层破碎带的导水性及富水性好。③断裂带的涌水试验计算的数据数值相对适中，对得到数据的原因进行综合分析，是实验前用清水进行了洗孔工作，水文实验的质量比上段要好，能比较实际反映出断层破碎带的地质特征，得出断层破碎带的导水性和富水性。

（三）设备保障

在钻孔和水文地质试验中，对设备都是有很高的要求的，同时启示我们要密切关注设备情况，保证设备的充足和运行完好，并且能不断地融入新的技术设备，使工作更加细致准确。

  综上所述，我们在实际的应用中，要根据地质特征调配泥浆的使用比例，严格掌握泥浆的结束参数，有效的解决涌水、护壁等问题，是钻探工作得以继续的顺利进行，在进行水文地质试验时，要选择合理实际的方式，在试验中及时调整工作方向，通过适宜的方式来获得含水层的地质参数和特性分析数据，融合钻探施工和水文地质试验之间的冲突，使钻孔得以顺利进行至孔终，也能够保证必要数据的采集。基于此，我们要总结经验、结合实际、掌握理论科技，更出色地完成勘探工作。

第 四 章　水文管理的理论研究

第一节水文基建项目管理的问题

伴随着当前社会经济快速的发展与进步,水文水资源的建设方面,其项目在渐渐的增加。水文水资源的建设项目其有着自身独特的特殊性,其中涉及到了灌溉与供电以及防洪还有交通等许多个领域,与我国的经济发展有着密切的关系。所以,一定得对水文水资源的建设方面的项目管理进行加强,将水文水资源的管理工作中所存有的状况以及不好的地方要做到准确的掌握,并采取相关的措施来对其进行解决,从而促使水文水资源的建设项目能够顺利的开展下去,为社会的发展贡献最大的力量。

水文水资源的建设项目和其它的工程来比较,其有着自身独有的性质,而且他的建设内容相对来说也比较复杂,所涉及到的内容包括数据中心的维护与水文勘测以及水情分析等多种专业性非常强的项目,所以其管理的工作有着一定的难度。对水文水资源的建设项目方面的管理进行强化,对促使生态文明的建设是有利的,还有利于对水资源利用率的提升,所以一定得对于水文水资源的建设项目方面的管理工作要加以重视。中国在水文水资源的开发方面还是处在发展的过程当中,即使已经有一定经验的积累,不过依然存有众多状况需要对其进行解决。下面我结合了自身多年的工作经验,将水文水资源的建设项目方面管理工作所存有不足的地方指了出来,并在其基础之上将提出有效合理的举措,希望对其解决有所帮助。

一、水文水资源的建设项目其提出管理方面不足之处

（一）管理的意识不够强

水文水资源的建设项目是我国的基础性项目工程,该项目的建设以及管理一定得严格对国家在这方面相关的要求做到严格的遵循。不过在实际的工作当中,有许多区域对于水文水资源的建设项目方面管理的工作都缺乏一定的重视,还存在一些区域存有严重地方保护主义的思想,进而造成水文水资源的建设项目在立项这个方面非常的不平衡;还有一部分水文水资源的建设项目对相关的审批标准没有做到严

格的遵守；还有一些区域于水文水资源的建设项目方面施工的过程当中运用着粗放型的管理办法，并且在专业管理型的人才方面非常缺乏，其管理的体系没有做到健全还有没有得到落实贯彻，在施工工序的方面监管没有到位等诸多问题，这些问题的发生，皆是因为单位管理层的管理意识还不够强而导致的。

（二）设备的不足以及技术的含量较低

就现如今的情况而言，中国在水文水资源的建设方面的工作所运用水文监测的装置和国外所用的设备来比较，还存有装置的配置不齐与质量性能较差还有技术含量较低等多个特点，这就使得水文水资源的建设项目方面其管理的水平比较低下，而且管理的难度非常大。在发达国家当中，其所运用水文监测的装置比较先进而且其设备的配置非常完备，这就对水文水资源的建设项目方面建设的质量还有水文工作的效率起到了极大的促进作用，但是中国相对来说，所投入的技术还有资金方面的支持还不够，先进水文监测装置的引进还不够积极，有的区域还是运用着传统人工监测的方式，这就使得水文水资源的建设项目其建设的质量还有水文工作的效率极大的下降。

（三）专业的融合性较强

水文水资源的建设项目其所涉及专业的领域非常多，就像是土木工程与水文测站以及水文测绘还有水文信息的共享系统和水情的分析等多种专业领域，所以水文水资源建设项目其融合性非常的强，所涉及专业的知识也非常多。除此之外，因为水文水资源的建设工程和其它的工程有着明显的差别并且其建设的地点的固定性较为缺乏，还有空间的跨度较大，所以水文水资源的建设项目其管理有着非常大的难度。

（四）建设主体的管理体系比较不顺

现如今，中国的水文机构其管理的体制比较不顺，这就造成建设的主体没有得到明确，对相关行业方面的发展有着严重的阻碍作用。中央政府于水文机构设置的时候，用管辖范围之内流域的水系来当做划分的根据，而地方的政府一般是用行政区域来划分水文机构，并且行业的设置有交叉的现象，造成该地市级的水文机构和流域的水文机构之间缺少有效合理沟通的机制。这类交叉机构的设置办法在对水文水资源的项目管辖的权利其归属以及预防重复建设等方面进行明确界定时有着先天的问题。其管理体制的不顺，将对建设工程的项目管理方面的质量与项目建设的效益有着直接的影响，对水文事业进一步的发展进步有着阻碍的作用。

三、强化水文水资源的建设项目管理有效的措施

（一）加强管理的意识

水文机构和相关的部门需对于水文水资源的建设项目方面管理的工作加以重视，并积极组织有关的人员来展开培训的活动，从而来确保相关的管理工作人员能够对相关的知识与技术做到熟练的掌握，对水文水资源的建设项目其相关的程序进行明确，使相关的人员在思想认识方面来对该水文水资源的建设项目方面管理的工作加以重视。同时，还需严格的遵循政府审批的规章来对审批工作进行实施，对与基建的程序不符合水文水资源的建设项目，坚决不可以予以立项。然后，管理工作人员要对水文水资源的建设项目方面投资的力度加强控制，确保实际的建设费用于投资计划的范围之内，使得管理程序上的执行力得到提升。最终，要对建设项目实施的全过程严格进行控制，这将对水文水资源的建设项目方面的质量起着直接的影响作用。相关的单位需将质量管理系统建立健全而且做到贯彻落实，并安排专业工作人员对质量管理系统实际的执行情况做到全程监管，使得质量管理系统的作用充分的发挥出来，特别是需把握该项目重点的部位和关键的流程，只有在上道工序获得了监理方工作仔细检验而且对其确认合格之后，才能进行下一道的工序，这样做才可以确保建设项目的质量目标得到实现。

（二）以项目的建设当做契机来使得水文现代化的水平得到提高

为使得水文行业的现代化水平得到提升，建设规划与管理的单位需勇于引进国外先进装置还有新型技术，将水文监测的装置配置充足，从而以实现凭借项目的建设使得水文现代化的水平得到提升这个目的。该监测装置配置的不齐以及装置技术的含量较低，这些已对我国的水文水资源方面建设事业的发展起到了严重的阻碍作用，所以一定得将资金和技术的投入加大，由国外来购买相关装置，加强在新型技术方面的研究，从而才可以使得水文水资源的建设项目方面施工的效率和质量得到切实的提升，使得建设管理的工作效率得到提高，使人为因素所产生不良的影响减小，促使水文水资源的管理水平极速提升。

（三）对水文水资源项目的各个专业进行有机的融合

在上述文章中可以分析得到，水文水资源的建设项目有着空间跨度较大以及所涉及的专业领域较广等多个特征，所以建设管理的工作难度非常大。为使得这个问题得到解决，一定得做到下面这几个方面：①需依照水文水资源的建设项目其所处的河流区域，来对归属地区和标段进行具体的划分，其每一个标段皆要由相关人员

来组成独立项目的法人，对各个标段的项目法人其具体的管理职责与义务还有管理的流程实行明确的界定，这样做有利于免于各个标段的义务职责方混淆的状况，还有利于使得后期中不必要纠纷与问题产生的减少，使得项目管理的水平得到提升。②因为水文水资源的建设项目其所涉及的专业非常广，所以管理工作人员一定得将相关的管理工作做好，就像是于水文水资源的建设项目其正式施工开始的前期，要协调组织各个单位实行相关的决策，确保建设项目和各个专业能够合理的衔接起来；就像是运用着模块化与单元格这样的办法，这样做即便是建设项目其施工的地点有变化发生，不过管理工作人员也能够经过模块的组合来做到统筹规划，最终使水文水资源的建设项目的施工效率和管理水平得到提升。

（四）项目法人的责任制要严格的实施

实施项目法人的责任制对水文水资源的建设管理其工作水平的提升是有利的，实施这个制度有利于将工程项目的建设责任主体进行明确，可以使得管理责任的不明确这样的问题得到有效的解决，项目的法人要对水文水资源的建设项目其全过程做到全面的管理而且要向上级人员做好相关的汇报工作。于水文水资源的建设项目其管理的工作当中，要做到相关制度的严格执行，从而使得相关的管理工作人员其积极性得到充分的调动，使得建设项目管理的水平得到切实的提升。

总的来说，水文水资源的建设项目作为中国的基础设施方面极为关键的组成成分，他的建设水平还有质量将对国计民生起到直接的影响，并和水资源利用率有着直接的关系，所以这方面管理的工作是极为重要的。所以相关单位一定得可以在思想上面来对于水文水资源的建设项目其管理的工作加以重视，需可以对管理工作当中所存有不足的地方有着明确的认识，还要及时采用一定的措施来将其解决，从而来使得水文水资源的建设项目其管理的水平还有效率得到提升，确保水文水资源的建设项目活动能够顺利的实施，促使中国的水利事业能够持续的发展下去。

第二节　创新县域水文管理

新中国成立以来，我国县域水文大都采取驻站监测模式，能基本满足防汛抗旱、水利工程建设的需要。21 世纪以来，随着水文监测站点的不断增加以及监测项目、监测频次的增多，驻站监测逐渐难以满足防汛抗旱和水资源管理的需求。以江西省九江市为例，提出建立水文巡测中心，集中人力、物力、财力开展水文巡测模式，对区域内水文站及水文监测设施、设备进行管理与维护，以提高县域水文服务能力。

历史上，水文监测一般采用驻站测验的方式，即水文职工长期工作、生活在水文站，能基本保证水文服务的需要。近年，随着经济社会的快速发展，国家加大了对水文的投入，水文站网和测验设施设备不断得到加强和完善。目前正在实施的中小河流水文监测系统、国家水资源监控能力建设、地下水监测等工程，将大幅度增加水文监测站点数量；与此同时，水文监测要素也在不断增加，土壤墒情、地下水、水生态等项目逐渐开展，监测频次也明显增加，但人员编制基本维持现状。因此，以驻测为主的传统监测方式已远远不能满足现实工作任务的需要。

党的十八届五中全会提出，实现"十三五"时期发展目标，破解发展难题，厚植发展优势，必须牢固树立创新、协调、绿色、开放、共享的发展理念。各地县域水文都存在工作人员少、任务重的矛盾，如何破解？笔者以为，同样需要有创新思维，现以江西省九江市为例来进行具体阐述。

一、九江县域水文状况

九江市下辖九江、武宁、修水、永修、德安、星子、都昌、湖口、彭泽九县和共青城、瑞昌两市。2010年，九江市水文局下辖11个水文站，大都地处乡镇偏僻地区，其中在修水、永修各设有3站，瑞昌、武宁、德安、都昌、星子各设有1站，而共青城市和九江、湖口、彭泽三县未设机构。2015年年底，九江市水文局下辖27个水文站，在11个县、市都设有水文站，另有91个水位站、426个雨量站、69个水质监测站、1个地下水监测站、7个土壤墒情监测站。

无论是水文站还是水位、雨量、水质站，数量都有大幅度增加，县域水文人员2010年为43人，2015年为46人，其中有4个正科级站（队）、2个副科级站。

二、九江县域水文存在的主要问题

（一）测站工作生活环境难以留住人才

由于水文测站点多面广，部分站点地理位置偏僻，甚至在渺无人烟的地区，且传统的测验方式以驻测为主，部分基层水文职工的生活、医疗等条件较差，职工子女的抚养、上学、就业困难等问题突出，导致部分基层测站职工队伍思想不稳定，甚至出现进人难、留人难、培养人难等现象。主要表现为：一是缺乏熟练掌握水文测验技术的管理和科技人才，队伍不稳。二是从事水文测验工作的基层职工技能水平偏低。基层职工缺乏交流学习机会，对业务技术钻研的积极性降低，业务能力不强。还有不少水文职工习惯于传统的工作方式、方法，效率低、效果差，对新知识、新技术、新装备的掌握程度不够,不能适应新形势的需要。三是没有有效的激励机制,工作积极性下降,影响了新技术的应用和推广。

（二）现有的测验方式方法难以为继

水文监测作为水文工作的重要基础,还不能很好地跟上时代发展的步伐,直接影响水文更好地服务经济社会发展,也制约着水文自身的发展。传统测验方式、水文监测手段、水文监测基础研究、水文监测队伍和水文管理体制机制已不能满足要求。特别是随着中小河流水文监测系统建设全面铺开,监测站点不断增多,监测范围与任务大量增加。随着河流开发利用快速推进,水文测验河段受工程建设影响不可避免,水文测站特性发生了较大变化,传统水文测验方法和测验质量考核标准难以满足要求。如何充分利用现有的有限人员和先进技术高效地开展水文监测工作,不断提高水文测验工作质量是目前面临的现实而紧迫的问题。

（三）现有的管理模式难以发挥水文更大的作用

水文是垂直管理单位,水文站大都在乡村偏僻之地,一个水文站往往要管理十几个甚至几十个雨量站,通信、交通、区位都不方便,往往是顾此失彼,在大汛来临时没有时间和精力顾及属站的雨情、水情,这样就会造成重要雨情、水情情报难以迅速上报,对指挥抢险救灾相当不利。九江的瑞昌铺头、武宁罗溪、德安梓坊等水文站既从事本站的测验,还要管理部分水位、雨量站,由于远离县城,去县城向县（市）领导汇报水情、雨情来回往往要2个小时以上,主汛期由于要抢测洪水过程,难以及时当面向县（市）政府领导和防汛指挥机构报告水情、雨情。县、市政府领导和防汛指挥部门也难以及时将有关要求下达给这些水文站,加上水文单位是垂直管理,当地政府也只是在主汛期时过问水文工作,对水文站的投入也往往是象征性的。

三、创新县域水文管理模式

水文站不仅要做好本站的水文测报工作,还要管理属站,按一个水文站至少需要4名工作人员来考虑,则九江县域水文工作需要108人。然而,整个九江水文工作人员编制是108人,目前机关内设8个科室在岗编制人员45人。显然,以增加水文站人员的方式来解决县域水文人员少、任务重的矛盾是不现实的。只有通过创新县域水文管理模式、提高水文测验水平来解决问题。

（一）设置水文巡测中心的可行性

全面整合九江县域水文资源,实行水文巡、间测。设置修水、永修、瑞昌、彭泽4

个水文巡测中心,将九江市的 11 个县(市)的 27 个水文站按地域分划给修水、永修、瑞昌、彭泽 4 个水文巡测中心来管理,把 4 个正科级职数分别给 4 个巡测中心,把现有水文站人员按隶属关系大都集中到各自的巡测中心,采取巡测、间测的方式。

水利部水文局提出要构建"巡测优先、驻巡结合、应急补充"的水文测验管理体系。以水文巡、间测为主要测验方式是水文现代化的共识,是提高水文监测能力的必由之路。九江设置水文巡测中心的条件基本具备。

一是中小河流水文监测系统的建设为水文巡、间测打下了硬件基础。近年来的中小河流水文站网建设,引进了现代声学、光学、电子、遥测、卫星定位及计算机、信息化、自动化、互联网等技术,九江水文 ADCP 测流、水位自动监测、雨量遥测等大量先进测报设施、设备先后投入使用,配备了 12 辆水文监测车,不仅大大提高了水文监测现代化水平,而且减轻了水文职工的劳动强度,使水文巡、间测成为可能。

二是单站巡、间测分析成果为水文巡、间测提供了技术支撑。九江对现有的 11 个水文站的测站特性与测验方式方法进行了科学分析,成果表明,除永修虬津水文站需驻测外,其他水文站基本满足巡、间测要求。

三是开展水文巡、间测在经费上有保障。水文作为国家公益事业,在防灾减灾、水资源管理、水生态与水环境保护以及经济社会发展中发挥着重要作用,国家对水文的投入逐年增加,针对县域水文人员不足、水文监测设施设备的维修养护难等问题,也可以通过政府购买服务的方式来加以解决。

四是 4 个水文巡测中心的办公条件已经具备,且都在县城或市中心。修水县政府在市民服务中心安排了 6 间办公室作为水文巡测中心;永修水文站办公楼可以改造成水文巡测中心;瑞昌市区新建的办公楼可作为水文巡测中心;彭泽县城购置的办公场所可作为水文巡测中心。

(二)设置水文巡测中心的重大意义

一是可以提高基层水文服务能力。多年来,水文部门积极参与当地的水利发展规划、水资源综合规划以及其他专业发展规划,在水利水电、港口码头、道路桥梁等水工程的设计、施工、运行期间提供基础信息和技术服务。设立水文巡测中心后,可以统一管理和规划水文各项业务工作,最大限度地发挥水文的作用,能及时准确地为当地政府和有关部门提供水文情报和预报,以满足政府和社会各界对水文的需求,水文服务的能力和水平将大大提高。

二是有利于县(市)政府加大对水文的投入。江西水文已经实现上级和当地政府双重领导,水文巡测中心设立后,对管辖区域的水文业务进行统一管理,与各县

（市）政府的关系会更加密切，按照国家水文条例和《江西省水文管理办法》的要求，县（市）政府会把水文纳入当地国民经济发展体系，便于在每年的财政预算中考虑水文工作的需要，同时根据当地的需要给水文布置任务，从而加快水文事业的发展。

三是有利于水文职工工作和生活条件的改善。设立水文巡测中心后，可以把工作和生活基地安在县城或城镇，使水文职工从偏僻封闭的环境中解放出来，从固守断面的测验方式中解放出来，从传统落后的信息采集方法中解放出来，从枯燥无聊的生活环境中解放出来，从因循守旧的思想禁锢中解放出来。"水文人进城"是几代基层水文职工的梦想，也是加快水文事业发展的具体行动。

四是有利于职工素质的全面提高。设立水文巡测中心后，职工的思想观念也会得到转变。通过新知识、新技术的学习，可以挖掘人力资源的潜能，合理利用人力资源，以最少的人员管理更多的测站，提高效率和效益，集中优势力量，在服务的深度和广度上下功夫，开展水文资料深加工，为防汛减灾、水资源统一管理、水务一体化、水环境保护、山洪地质灾害防治等提供全面服务，从而促进水文事业的发展。

四、水文巡测中心的职责和运行管理

（一）巡测中心的职责

水文巡测中心受设区市水文机构领导，其职责为负责辖区内水文发展规划编制和基本建设项目的实施；负责辖区内水文站网和设施设备的管理与维护；组织开展各种水文要素监测，收集基本水文资料并完成在站整编；负责为当地政府和有关部门防汛抗旱提供水文情报预报；负责为水资源的开发利用与管理保护提供水文技术咨询；负责水资源质量的常规监测与分析；承担辖区内的水文应急监测；参与当地各项创建活动；完成上级和当地党政交办的其他任务。

（二）巡测中心的管理

水文巡测中心要对区域内所有的水文站开展监测、资料整编、水文分析计算，还要对区域内的水文测验设施、设备等进行维护和保养，以及应对突发水事件。因此需要建立巡测队伍、维护队伍、应急队伍。

一是通过九江市水文信息综合系统平台对区域内各站观测项目及仪器运行进行在线监测，目前雨量、水位大都实现了在线监测，只需要定期对比率定，当系统出现测量仪器电压或监测数据不正常时，及时记录并通知维护队检修，当系统发出雨量、水位示警信息时，及时通知巡测队或应急队进行测验安排。

二是对雨量、水位监测数据进行在线下载或定时到现场采集，对监测数据进行分析,按照不同的要求建立国家年鉴水文数据库、水质数据库、墒情数据库等。

三是当出现极端灾害天气,发生山洪、中小河流水位暴涨时,应急队及时赶赴现场抢测。

水文监测是水文工作的基础,应得到加强。水文工作应更新理念,加强与县级政府的沟通联系,尽快建立水文巡测中心,以便水文工作进一步延伸服务渠道,拓展服务领域,在防汛抗旱、水资源管理、水生态文明建设、城市防洪排涝、山洪灾害防治、水环境保护、水土保持和水利工程建设等方面为地方经济社会发展贡献力量。同时,应明确水文巡测中心职责,建立健全各项管理制度和激励机制,强化内部管理,加强技术培训和人才队伍建设,提升县域水文服务软实力。

第三节 城市水文安全管理

安全的水文环境对城市的健康和可持续发展具有重要意义。传统城市新区开发建设过程中对区域水文过程的安全和水体健康考虑较少,粗放的建设模式对区域水文过程破坏严重。本节总结了中外城市水文管理的发展历程,提出城市发展过程中防控结合的可持续的城市水文管理途径。通过对规划层面、建设层面和管理层面的水文管理问题进行解析,提出城市水文管理宏观层面进行流域规划,中观层面进行海绵城市建设,微观层面进行低影响开发设计的路径。最后对海绵城市建设在水文安全管理中的作用提出了展望。

一、研究背景

安全的水文环境对城市的健康和可持续发展具有重要意义。长期以来,城市新区粗放的开发模式对区域水体健康和水文过程的安全考虑较少,新区开发过程往往伴随着河流水体污染、湿地退化和裸露地表水土流失等众多问题,原有水文环境的破坏对城市健康发展和居民健康生活的影响显著。联合国教科文组织早在 1974 年《城市化的水文效应》一文中指出,伴随着工业化快速发展和城市人口的不断聚集,城市面临的水安全问题亦将凸显,城市水问题将变得更加复杂和多样化。《国家新型城镇化规划(2014-2020 年)》亦指出以往通过牺牲生态环境获得城市快速发展的外延式增长模式难以为继,我国城镇化道路必须进入以提升质量为主的转型发展阶段。

2014 年 10 月,住房和城乡建设部颁发《海绵城市建设技术指南——低影响开发雨水系统构建》(试行),提出了海绵城市建设的基本目标,旨在探讨城市建设中可持续的水文管理模式。对城市新区开发建设过程中,有效利用现有水文资源,合理布局雨污水排放工程设施,实现区域水文过程安全和城市新区海绵城市的构建具有重要指导意义。

二、城市水文管理发展历程

国内外针对城市水文管理的发展历程可以分为三个阶段:以排为主阶段、以控为主阶段(包括水量控制和水质控制)、防控结合的可持续管理阶段。

(一)以排为主阶段

早期城市水文管理理念是以排为主,城市排水伴随着城市的产生就开始存在。国内外早期古代城市建设过程中便有城市排水设施布局的考虑。如中国夏朝淮阳平粮台古城的陶制排水管道、商代西豪城的石木结构排水沟布局、战国时期齐国临淄城结合护城壕沟和护城河的完整排水网等。国外早期城市中罗马古城的引水渠同时包含了生活用水、景观使用和逃生通道等多种功能,古希腊迈锡尼王国时期的米诺斯水利技术已经具有城市输水和城市排水的功能划分等。

城市排水系统的大力发展始于19世纪中叶西方国家的工业化和城市化,以建造城市雨水管渠和泄洪通道为主,通过对城市雨水、污水和工业废水进行收集,直接排放进入城市周边河流水体。这一时期的排水理念以排放"一次冲刷水体"为主,未能考虑雨污混合产生的水体污染等问题。

(二)以控为主阶段

随着西方国家工业化和城市化的发展,城市面临着内涝和水污染问题越来越严重,这一时期的城市水文管理以控制为主,包括城市水量的控制和城市水质的管理。

1. 水量的控制

国外城市通过修建滞蓄池塘的途径实现城市水量控制。日本于20世纪60年代开始推广滞蓄池塘进行雨水集蓄和洪水调节,美国在20世纪70年代提出第一个雨洪管理的法案,并在流域尺度的水文模型和水力学模型基础上完成第一个雨水总体规划。

我国的城市排水系统先后经历了截流式合流制、分流制以及两者并存的混流制排水系统,目前在城市新区建设过程中多采用完全分流制排水系统。

2. 水质的管理

水质的管理包括"点源"污染防控和"非点源"污染防控两种。美国、日本等于20世纪60年代通过雨污分流排水系统的建设开始进行"点源"污染的控制。70年代开始,"非点源"污染的控制措施在城市水源区开始实践。80年代开始,发达国家建立并逐步完善雨水水质控制的规范、法案和规章。

(三)防控结合的可持续管理阶段

随着城市内涝、水体污染等引起的城市生态环境问题日益凸显,城市管理者对城市水文管理的思路发生转变,水文安全格局构建成为城市健康发展的重要目标,城市水文管理进入防控结合的可持续发展阶段。

1989年8月国际雨水利用协会(International Rainwater-Catchment System Association)成立,促进了城市雨水可持续管理的进程。在随后的一段时间里,发达国家先后提出多个城市雨洪管理模型,如美国先后提出的最佳管理措施(Best Management-Practice,BMP)、绿色雨水基础设施(Green Stormwater Infrastructure, GSI)和低影响开发(Low Impact Development,LID);英国提出的可持续排水系统(Sustainable Urban Drainage System,SUDS);德国提出的雨水利用(Storm water harvesting)和雨洪管理(Stormwater management);澳大利亚提出的水敏感城市(Water Sensitive Urban Design,WSUD)等。

国内可持续水文管理较早见于生态安全格局(Security Pattern)和生态基础设施(Ecological Infrastructure)。水文安全格局作为生态安全格局的重要组成部分,通过控制具有关键意义的坑塘、河流和湖泊等,实现区域的水文过程安全。相关的实践案例包括上海后滩湿地公园、哈尔滨群力湿地公园和天津桥园公园等。

2014年10月住房和城乡建设部在《海绵城市建设技术指南——低影响开发雨水系统构建》(试行)中正式提出建设海绵城市来应对城市雨洪水治理的新理念。其核心观点认为城市应该具有适应环境变化和应对自然灾害的良好能力,下雨时吸水、蓄水、渗水、净水,缺水时将蓄存的水"释放"并加以利用。在总结国内外水文管理先进经验的基础上,海绵城市结合我国现行城市规划体系提出不同层级的管理目标和指标体系,具有较强的操作性和实践性。

三、城市建设过程中水文问题分析

长期以来,城市规划遵循以建设用地为先,"规模—布局"的编制内容与方法,通过划定水体蓝线实现对城市水体的保护和控制,对水生生态系统作为生态系统重要组成部分及其在城市健康和安全中的重要地位缺乏足够认识。

（一）城市规划层面：传统城市蓝线规划目标单一，保护范围不足

城市蓝线是指城市规划确定的江河，湖，水库，渠和湿地等城市地表水体保护和控制的地域界线，是进行城市水体保护和控制的主要方式，在城市控制性详细规划阶段通过"六线"管制图加以实现。在城市规划过程中，城市蓝线规划存在以下不足：

1. 保护范围不足

城市蓝线规划主要针对城市规划确定的江、河、湖、库、渠和湿地等城市地表水体保护和控制的地域界线，其功能是对水体两侧一定范围内的用地进行保护，限制用地开发并满足防洪需求。而河流及其两侧一定范围内的用地仅仅是流域系统的一小部分，城市蓝线所包含的区域不足以支撑流域系统的完整与安全。在实际操作中，因为蓝线保护范围不足而造成的流域生物迁徙廊道破坏的情况时有发生。

2. 均质化和零碎化

河流两侧是生物多样性的聚居地，其自然地形包含浅滩、沙地和凹凸河岸，是各种生物迁徙的廊道。水岸两侧陆域的"边缘效应"形成了不同的植被覆盖、城镇建设和农业生产情况。城市蓝线通过均等划分水体及其岸线一定范围内的陆域地区作为保护控制线，忽视水体两侧自然现状，容易造成破碎化的景观。

3. 保护河流主干，忽视河流支流

一个完整流域系统是由河流干流及其支流共同构成的，上游细小支流分布广泛，是河流得以汇集和形成的主要原因。城市蓝线划分过程中，注重于城市干流和主要支流的蓝线划定，对宽度细小的上游支流以及季节性河流水体就缺乏考虑。

4. 保护大面积水域，忽视小面积坑塘

小面积坑塘是在地形低洼地带自然形成的积水区域，通常作为补充地下水的重要来源，同时具有调节环境、形成局域小气候、蓄洪灌溉等重要功能。在城市蓝线规划过程中，大面积水域如水库、湖泊等通过蓝线划定加以保护，而小面积坑塘因其散落分布和不具有系统性的特征未能划定保护控制范围，往往随着城市的扩张被填埋。

（二）城市建设层面：渠化硬化，水文循环破坏

泄洪通道、水岸堤坝、河床硬化等水利设施的建设对原有水生生态系统的循环造成的影响往往是不可逆的。美国农业部门在1997年的研究表明，96%被调查流域因城市化进程造成湿地减少，总消失面积可能已达到58%。我国城市新区建设过程中，水体截弯取直、渠化硬化不仅增加城市建设成本，对城市水文健康循环破坏更是不可逆的。

（三）城市管理层面：意识薄弱，管理混乱

水文管理是城市能否健康可持续发展的重要因素。近年来，城市水系治理的生态意识开始逐渐觉醒，但因以往三十年快速城市化惯性影响下所造成的城市水系问题依然严峻，加之我国水系管理过程中存在多部门管理的格局，针对同一水系往往存在市政、水利、园林、规划和环保等多部门分而治之的局面，各部门针对同一问题的统筹协调亦是一个复杂的过程。

在城市水文管理中可以借鉴国外水文管理经验，结合我国水文管理现状，宏观尺度上进行流域规划，中观尺度上开展海绵城市建设，微观尺度上进行低影响开发（LID）设计。同时通过完善水文管理相关方法律规章，进一步加强城市水文管理。

四、海绵城市建设及其展望

从改革开放至今，我国城市建设已经经历了 37 年的快速建设，在城市快速发展过程中，积累了城市财富，同时也积累了大量城市问题。2015 年 12 月，中央城市工作会议明确城市发展"安全第一"的原则。城市发展的重点开始从"量变"向"质变"转换。

新常态下，传统水文管理和排水思路需要进行"破"，从而明确海绵城市建设在水文安全管理中的"立"。目前，海绵城市建设标准和规范尚不完全统一，我国地域特征复杂多样，《海绵城市建设技术指南——低影响开发雨水系统构建》和相关工程技术规范不能完全有效地覆盖和指导，在实际建设过程中，常常依靠各地经验值来进行。在海绵城市后期管理维护层面也处于初步探索的阶段。同时在海绵城市建设过程中还需要避免以下几种倾向：

（1）海绵城市建设需要更多理性的思考，坚持以规划为引领，结合城市自身特色和资源禀赋，从总体规划到控制性规划逐级落实"海绵指标"，避免海绵城市建设成为"大跃进式"的城市运动；

（2）要重视本土的创新探索，尊重古代城市的"治水"智慧，因地制宜，充分利用城市地形和本土植被，不过分重视国外高技术，亦不忽视乡土经验在海绵城市建设中的作用；

（3）海绵城市建设不仅限于雨水的控制利用，要同时考虑城市旧有排水体系与海绵设施的结合，重视海绵城市下游建设，在缺水城市和地区充分考虑污水、废水、中水的回收与综合利用。

第四节　水文工程的高效管理

随着我国社会经济的迅速发展,人们生活水平的不断提高,实现对水文工程的信息化管理是提高我国水文系统管理能力的重要标志。水文工程是治理水文环境的重要载体,针对我国目前的水文工程现状,通过加大水文测报,量化水文质量指标,有利于实现对水文工程信息化的高效管理。

一、水文工程信息化管理

(一)建立健全在线监测机制

在水文工程管理过程中,信息化管理是水文管理单位实现现代化管理的重要环节,在实际应用中,实现"水信息采集现代化、水信息传输网络化、水信息处理智能化、水信息服务产品化"和管理工作"体制完善、管理规范、队伍一流、服务优良"的"十三五"发展目标,并确保做到"基础工作做细、管理工作做严、重点工作做好"的工作方针。在一定程度上有利于服务防汛抗旱减灾、服务水利工程的进一步发展,推动水文工程向信息化方向快速发展。

在运用信息化进行水文管理中,根据水文工程特点,建设满足要求的防汛站点,加强对短期洪水的监测、预报,收集水环境监测数据,编制快报,实现对水文信息的动态控制,对于重要的水源应建立在线监测全覆盖的体制。

(二)提高管理人员的业务能力

水文管理是一个复杂的管理系统,为了实现对水文工程的高效管理与控制,水文管理单位必须建立健全管理制度,明确各自的职责,分工明确,做到全员参与,全过程控制。在进行水文工程管理过程中,管理人员必须强化责任思想意识,在工作尽职尽责完成任务,创新管理理念,强服务、强科研,全面推进水文管理工作,强化水文服务能力;管理制度是管理人员进行工作重要支撑文件,通过建立健全规章制度,强化绩效考核,有利于管理人员积极性的充分发挥,规范财务工作,强化行政管理职能,全面提升水文工程的管理水平,推动水文事业长远发展,促进水文系统精神文明、带动水文文化建设。

(三)抓住水文信息化管理新机遇

根据目前水文工程的管理现状,管理人员应准确把握水文工作面临的新形势,新要求,深刻把握当前水文工作面临的新机遇。在水文工作管理过程中,水文管理系统应相互配合,给员工进行管理创造良好的条件,建设良性发展机制,实现对水文的全面测报,强化水文服务,积极进行信息服务工作,强化自身能力建设。在水文工程管理过程中实现动态管理,创新水文监测,加快理顺水文工程管理体制,完善基础设施建设,发挥好水文在经济社会发展中的基础支撑作用。随着我国科学技术的迅速发展,传统的水文工程管理模式已不能满足现代管理的需要,必须创新管理理念,进行思想改革,确保管理理念先进、经济合理、安全可靠。

二、加强建设管理

在建设过程中,根据水文工程的规模、结构特征、工期等,制定有针对性的处理措施,以便实现对项目的建设过程的高效管理。在项目实施过程中,必须严格按照批复的设计文件进行现场的组织实施,对存在设计变更及签证情况的,应严格履行相关审批程序,对不符合设计变更及签证要求的文件,禁止对其进行签证。资金是确保水文工程顺利进行的重要保障,必须加强对水文工程的资金管理,严格按照财务管理制度进行资金的拨付,确保资金的有效利用,对不满足支付条件的,禁止资金的拨付。

三、加强合同管理

合同管理是水文工程管理中基础管理,在管理过程中,通过对水文工程的特点进行分析、比较有利于提高对水文工程的高效管理。合同内容对合同双方具有同等约束力,明确了合同双方具有权利和义务。合同双方必须严格按照合同内容进行各自的项目管理。在合同签订前,合同双方应认真研读合同内容,对合同中有歧义的内容,及时提出来,要求甲方进行澄清,避免对以后的水文工程管理造成严重影响。

由于水文工程专业性较强,涉及的范围较广,在进行合同管理时,合同管理人员必须对合同内容进行认真细致的研读,领会合同内容。施工合同在一定程度上反映了水文工程的建设过程,施工过程中,做好合同资料的收集、保管、整理、分类及归档工作,确保档案资料规范、有序、齐全。工程实施完成后,对合同执行情况进行分析、比较,以便对合同的履行情况做出科学合理的评价,从而提高合同管理人员的管理能力。

四、加强材料管理

材料进场后,需要加强对材料的品种、规格、数量以及质量证明书等进行验收核查，并按有关标准的规定取样和复验。经检验合格的材料方可进场。对于检验不合格的材料，按有关规定清除出场。材料进厂（场）后，及时建立"材料管理台账"，内容包括材料名称、品种、规格、数量、生产单位、供货单位、"质量证明书"编号、"复试检验报告"编号、检验结果以及进货日期等。"材料管理台账"应填写正确、真实、齐全。

在施工过程中，应加强对主要建材材料质量的管理，例如，在工程中比较常见的砖、砂石料、水泥等，供材厂家应提供相关材料的合格证书、出厂合格证等证明材料合格的文件，对于有疑问的可委托具有相关资质的第三方检测机构进行检测，检测合格后，方可在工程中使用。对于工程中使用的设备必须按照相关规范要求对仪器设备进行标定，以确保水文工程的质量。

综上所述，通过在水文工程管理中不断创新管理理念，优化设计方案，实现了对建设过程中的建设管理、合同管理、材料质量控制的高效管理，同时，随着信息科学技术的迅速发展，信息化在项目管理发挥越来越大的作用，信息化管理专业性强，对水文工程管理人员运用信息化系统进行管理提出了更高的能力要求。

第五节　基层水文档案管理

水文档案是水文工作的重要组成部分，面对水文管理的新形势、新要求，水文档案信息化建设亟需加强，以苏州水文为例，基于苏州水文档案管理的现状，针对档案意识薄弱、重视程度不高等问题，探讨基层水文单位档案信息化建设工作在硬件、数字化、制度、人员等方面面临的挑战和相对应的各项措施，为基层水文档案工作的开展提供了借鉴和参考。

苏州水文历史悠久，经历了从古代、近代到现代的发展历程，工作过程中形成并积累了大量的水文资料。近年来，苏州水文分局重视档案管理工作，围绕档案工作规范五星级测评，狠抓档案信息化建设短板，实现了水文档案在线检索、阅览等功能，大大提高了水文档案的利用率。

一、苏州水文概况

清光绪二十六年（1900 年），苏州海关在苏州觅渡桥设立水位站，观测江南运河水位，是苏州水文肇始，但当时记录的水位数据缺乏连续性，档案资料也未保存下来。清末以后，苏州水文由驻苏流域机构主办，随着社会的发展和水利机构的设置变更，苏州水文工作的主办机构和管理体制也多次更迭，社会的动荡和档案意识的淡薄使得水文档案资料的收集和保管也不尽如人意,目前档案室在存的档案仅追溯到1979年。

改革开放以来,苏州水文与苏州市的经济建设和民生紧密相连,承担着全市涉水基础信息的搜集、监测、评价,是水利防汛防旱的耳目尖兵,是水资源管理水环境治理的前哨,是水生态文明建设的支撑。苏州水文主要负责全市水文测报、水文勘测、水质监测、水文分析计算、防洪评价、水资源调查评价和水土保持监测等工作,为防汛防旱、水资源管理、水环境保护,工程建设管理,农业灌溉,城市用水,航运及生态建设提供技术支持,工作过程中积累了大量的水文资料,现室藏档案八大类共4 085卷,文书档案4 930件。

二、档案管理存在的问题

长期以来,基层水文档案管理工作缺乏科学的管理意识,没有把档案工作渗透到水文工作的各个环节之中,档案资料积累残缺不全,文件材料不规范、不完整、不准确,档案整理不规范;水文原始记录档案保管条件差,保护意识弱,造成档案损毁、散失;档案收集制度不严格,收集不及时,造成文件散失等问题都给档案的整理归档带来了困难。另外,由于基层水文工作自身特点水文档案意识薄弱,重视程度不高,水文档案专业性较强等特点也为档案工作带来了困难。

(一)档案管理服务水平有待提高

档案工作的重中之重是加强档案的开发利用,这不仅体现了档案存在的价值,也为档案事业带来了生机与活力。新形势下水资源管理和水生态监测的新常态,不仅要求水文档案提供的基础数据精准、高效,也对水文档案信息资源的开发和利用提出了更高的要求,因此基层水文档案管理服务只有不断提高才能为水利和其他国民经济建设部门服务。

(二)传统档案管理方式不能满足现代水文的发展需要

随着水文现代化程度的不断提高,自动测报系统、资料整编软件广泛的应用,测报、整编、分析过程中形成的数据多为图形,文字,表格,图像等电子文件,针对纸质载体的传统档案管理模式已不能满足现代水文工作要求,水文档案信息化建设亟需加强。

三、水文档案信息化建设工作措施

为提高机关、团体、企业事业单位档案工作科学化,规范化,现代化水平,江苏省档案行政管理部门制定了《江苏省机关团体企业事业单位档案工作规范》，并对其实施情况进行测评，测评分为 5 个等级，五星级为最高等级。以五星级档案工作规范为基础，对基层水文档案管理提出几点建议：

（一）完善水文档案管理硬件设施

利用办公场所整体搬迁的契机落实档案管理用房，按照"五星级档案工作"标准设置档案工作人员办公室、阅档室、库房、陈列室等，同时配置了服务器、电脑、高速扫描仪、复印机等设施设备，为开展档案信息化建设奠定了硬件基础。

（二）历史资料数字化

通过多媒体和计算机技术，对历史水文档案资料进行扫描，通过 OCR（光学字符识别）技术转化为可检索的数字信息，是水文档案信息化建设的第一步，也是工作量最繁重的一项工作。通过 OCR 转换可直接对档案全文库进行检索，不仅可以检索档案目录数据，而且可以对档案全文进行逐字检索，能方便用户在不知道文件题名的情况下，凭关键字检索出所需信息，查全率大大提高。以 OCR 为基础，采用双层 PDF 存储文件既可以在打印的时候保持原图输出，又可以全文检索复制，在基层档案工作中可得到广泛应用。但是 OCR 技术的识别率依然是档案数字化过程中的一个关键问题，当前仍需要人工进行校对保证档案的准确性。苏州水文档案历史悠久，传统的水文档案多以纸质载体为主，且种类繁多，数量庞大，一次性完成数字化处理难以实现。首先对部分利用率较高、社会亟需的历史资料优先进行了数字化处理。借助档案信息在线查阅功能，极大提高了历史资料的查阅速度，纸质档案借阅频次明显降低，档案原件得到了有效保护，使用时间将得到显著的延长。

（三）档案管理软件应用

创建过程中，按照江苏省档案局和水利厅的要求，在档案管理的手段和方式上向着现代化、信息化的方向推进。将档案信息化与全局信息化同步规划实施，在局内网上设立"档案管理"专栏，从法律法规、组织管理、开发利用等方面全面介绍档案工作。按照全省数据结构标准和国家档案局《档案软件功能要求暂行规定》的要求加强系统建设，使用《苏州市数字档案馆——公文档案一体化管理平台（档案室版）》软件，并根据实际工作需要进行二次开发，将档案管理平台与 OA 系统对接，实现了文书档案的在线归档、检索、查询等功能。当前大多数机关单位采用 OA 系统进行公文传输和处理，实时记录公文收发处理的情况，通过在线归档功能，除公文正文外，还可直接将发文的拟稿、收文的办理等情况归档至档案系统，保证了文书档案归档的实时性、准确性、完整性。建立室藏全部档案的文件级目录数据库、重要及利用频繁的纸质档案全文数据库、多媒体数据库，对单位永久、30 年文书档案、基建档案实现了全文数字化，其它门类的档案文件级目录均录入档案管理软件。

（四）落实保密制度措施

在日常保管、利用水文档案时，树立安全第一的安全意识，严格执行国家有关保密制度规定，确保档案信息安全。加强水文信息系统安全管理，与档案管理平台相匹配的 OA 办公系统全部内网运行，与外网逻辑隔断，内外网端口设立网卡；凡是密级、内部资料档案一律不得录入信息系统；对登入档案系统的人员进行权限设定、身份识别；安装了合适的防火墙和杀毒软件，将硬件防火墙位于 2 个或多个网络之间，比如局域网和互联网之间，网络之间的所有数据流都经过防火墙。软件防火墙安装于服务器端、电脑终端，使得两端的网络连接都必须经过防火墙。这样防火墙可以对网络之间的通讯进行扫描，关闭不安全的端口，阻止外来的 DoS 攻击，封锁特洛伊木马等，以保证网络和计算机的安全。专业人员定期检查系统安全，保证系统可靠安全运用；并定期刻录数据光盘备份，多种措施保证档案信息系统的安全。

（五）加强档案的编研工作

水文档案具有一定的独立性、系统性、时间性和连续性，基础数据庞大复杂，借助信息系统按照流域、区域、年代规范理整编水文档案，更好地为水利建设提供基础信息与决策依据，服务经济社会。面对水文档案存量增多，档案人员通过编研将一些应用性资料加工整理成系统的资料，提高了水文档案的利用率和服务质量，先后完成了《苏州市水功能区监测年报》《苏州市水资源公报》《太湖流域环太湖水文巡测资料》《太湖流域沿江地区重要控制线资料收集和调度实施评估分析报告》等编研工作。通过编研将档案工作由被动服务变为主动服务，及时发现室藏档案收集的不足之处，丰富室藏资源，提高服务水平，保护档案原件，延长档案寿命。

（六）提高档案管理人员业务能力

水文档案信息化建设是一项系统工程，既涉及到档案资料管理，又与计算机、数据库网络及水文等专业技术有关，需要加强各项工作之间的协调；注意培训既懂计算机技术又懂水文和档案管理的复合型人才；作为档案工作者，要学习计算机、网络、数据库、多媒体和安全防护等新的档案管理技术及相关知识，来适应信息革命和社会发展对档案工作的新要求。

（七）水文现代化的陈列及展现

陈列室既可以通过水文赋、百年水文等版块凸显了水文的悠久历史,同时利用现代科技设备全方位多角度地展示了水文的现代化成果,达到宣传、扩大水文社会影响的效果。例如通过壁挂 ABS 数字沙盘配合投影互动,展现当地水系的整体面貌并通过玻璃投影展现各项水文工作的网点分布和成效。

基层水文档案信息作为国民经济发展的重要基础性数据,贯穿年代久远,积累数据量大,档案工作起步较晚、重视不足且多以纸质载体为主,需要分批逐次进行数字化处理,提供在线阅档功能,其中 OCR 技术的识别率是档案数字化过程中的一个关键问题,当前仍需要人工校对保证水文档案的准确性。在信息化建设过程中应注意保密措施,加强编研工作,同时培养档案工作人员的业务能力,通过多方位、多渠道的信息发布平台和现代化设备展现新时期基层水文工作的新面貌。

第六节　水文自动监测系统运行管理

分析了水文行业自动监测设备的特点以及建设现状,指出了自动监测设备在运行管理中存在的问题,并结合工作实际,分别对系统规划、设备选型、人才培养及管理模式等方面提出建议,采用合理有效的运行管理方式,推动水文监测技术向自动化、智能化方向快速发展,建设并运行好水文自动监测系统,发挥其最佳投资效益。

一、水文监测系统的基本特点

由于水文自动监测站设立的目的是监测特定区域、断面的水文特性,选址不要求唯一,但要求在满足区域代表性的前提下,站点建设成本、后期运行成本等综合指标最优。因此,目前建设的水文自动监测站点普遍位于野外且比较分散。

水文自动监测系统涉及到多学科专业融合,对从业人员的业务水平有较高的要求。其中,水文自动监测系统设备本身涉及到机械、电子、通信、计算机、数据库及软件多个学科;而就系统监测的参数来讲,则涉及到水文、气象、环境等学科,不同的监测参数都有其特定的行业规范。因此,运行管理人员除了通过理论学习,掌握系统设备的工作原理外,还需要认真学习规程、规范,用以指导运行管理工作,最终向用户提供符合标准的监测成果。

二、水文自动监测设备运行管理面临的主要问题

水文自动监测设备运行管理面临的主要问题归纳起来主要为经费不足和人力资

源不足两类。

当前建设和运行维护水文自动监测系统的单位主要包括流域水文机构、地方水文机构、地方防汛办、大中型电站的水情水调部门等,各类建设管理部门的运行管理体制不尽相同。经调查获悉,大多数单位投入了运行管理经费,也配置了运行管理人员,但最终因运管措施不当,运行管理人员不能胜任工作,造成运行管理经费耗空,系统建设及运行维护经费投入不能发挥其应有的社会经济效益。

三、在系统规划阶段应充分考虑后期运行维护成本问题

(一)结合实际需求合理控制系统建设规模及等级

水文自动监测系统的建设规模越大,后续运行维护经费通常越高。而水文行业具有全公益属性,系统建设资金主要来自中央和地方财政拨款,对于财政收入较好的地区,后续会按年度拨付运行维护资金,财政收入低的地区则需要运行管理单位自筹资金。因此,在系统规划的时候应注意结合实际合理规划、突出重点、避免一味追求大而全,以免后续运行维护经费吃紧,影响系统运行。

水文自动监测系统建设质量等级越高,后续维护经费通常越高。我国水文自动监测技术相比于欧美国家,起步较晚,技术落后,早期相关监测设备主要以进口为主,由于关税等因素,进口设备价格长期居高不下。21世纪以来,我国水文自动监测技术取得了很大进步,很多监测设备实现了国产化,且价格便宜、质量可靠。因此,在设备选型时,不要过度迷信进口产品,能满足实际生产需要即可。

(二)合理确定监测系统资料收集方式

水文自动监测系统的通信费是系统运行期的一笔重要开支。应根据水文监测参数的实际特点,按需规划设计传输方式和数据发送频度,以降低通信费用。公用无线通信网络从无到有,促进水文自动监测设备资料传输方式由过去的固态存贮发展到现在的监测数据实时传输、服务器数据库自动接收存贮。以地下水水位、水温监测为例,监测该参数为合理开发利用地下水资源收集资料,提供数据支撑,但是对数据的实时性要求不高,可以适当降低数据发报频率或者将历史数据打包一次性发送,以降低系统通信费。

为了提高水文自动监测系统信息传输的可靠性,部分监测系统还建设了备用链路,而备用链路的建设会产生相应费用,因此,应结合实际需求,一般站点可以不规划备用信道,以节省备用链路月租金。如平原地区,没有地形雨,降雨相对山区更加均匀,建设防汛用水雨情监测系统时,只给部分监测站点规划备用信道,以点缀形式

布设，其他站点则不规划备用信道，以达到提升系统信息传输的可靠性，同时节省链路租金的目的。

（三）科学选择监测站站址

水文自动监测系统建成后，管理单位要定期对监测站进行维护，由于监测站点地理位置分散，交通费也是维护费的一笔较大开支。如果监测站点偏远，或机动车不能直达监测站点，需要渡河或者二次转运等，则意味着车辆燃油费、过路费等费用将大幅增加。因此在监测参数具备区域代表性的前提下，测站选址应尽量满足交通便利的条件。应避免片面追求最佳监测站点，最佳监测断面等，而忽视后续运行维护困难的情形。

四、科学做好系统设备选型

（一）设备选型应考虑功能适应性

完成特定水文参数的监测设备很多，每种设备都有其适用环境、使用范围等，选型时应对监测站点的相关自然条件进行实地勘测，再确定仪器的种类型号。如对含沙量较高、淤积速度较快的河道进行水位测量，以配备表面波水位传感器为宜，其测量效果不受含沙量的影响；相反如果错选为压力式水位传感器，则会面临泥沙淤积，导致测量成果不符合要求，同时会推升后期维护工作量及维护成本。

（二）设备选型应考虑系统兼容性

近年来，国家水利部先后启动了多批次水文自动监测项目专项建设，在同一个水文管理机构（或水情分中心），一般会有多个系统并行运行，监测的参数都包含雨量、水位等。因此在新建系统时，设备选型应注意和现有系统兼容、同时兼顾技术先进性。其中系统兼容包括系统硬件的兼容性、软件通信协议兼容性、计量单位兼容性等3大方面。现对照水文自动监测系统前端信息流程图（图1）分别进行了说明。

水文自动监测系统主要由传感器、水文遥测终端机、数据接收平台等3部分组成。

硬件兼容性，主要是指传感器与水文遥测终端机应具备相互兼容（匹配）的通信接口，如RS232接口、RS485接口、SDI-12通信接口，硬件兼容是传感器和遥测终端机实现互连的前提条件。新建水文监测系统在选型阶段充分考虑传感器和遥测终端机硬件接口的兼容性，是不同监测系统遥测终端机、传感器实现共享、互换的前提条件。

　　软件兼容性主要是指水文遥测终端和数据接收处理平台之间的远程通信协议应当标准化，以及水文遥测终端和传感器之间的传感器通信协议应当标准化。

　　水文遥测终端机和传感器之间的传感器通信协议，我国至今没有制定统一的标准。这主要是因为我国电子工业和传感器技术落后于欧美等西方国家，一些技术先进质量可靠的传感器被国外厂家垄断，国产遥测终端机为了和国外传感器互连，被动遵循传感器协议。目前，水文行业智能传感器主流通信协议有 MODBUS 协议和 SDI-12 协议，尤其在水文、气象、环保行业，SDI-12 协议有发展成行业标准协议的趋势。因此，新建水文自动监测系统时，提倡优先选用遵循 MODBUS 协议或 SDI-12 协议的传感器，选购的水文遥测终端机应具有 SDI-12 通信接口，并支持 SDI-12 通信协议。

（三）统筹考虑设备的性价比

　　水文自动监测系统运行费用主要由设备购置成本、安装成本、后期维护成本 3 大部分组成，设备选型阶段应综合考虑数据精度要求、使用期限、维护成本等因素，进行科学决策。如某偏远水位监测站，适合安装气泡水位计，有国产设备和进口设备可选，国产设备单价为 1 万元，寿命为 1 年；进口设备单价为万元，寿命为 3 年，那么进口设备明显具有优势，因为维护偏远测站，交通及差旅成本都较高，会严重地消耗人力、物力和财力。

五、加强系统技术档案管理和人才培养

　　水文自动监测系统涉及到多学科专业融合，实现一个系统集成通常需要一个技术团队共同完成，而运行阶段通常由少数几个技术人员甚至是个别兼职人员管理，对运行管理人员的业务水平有较高要求。因此，在系统建设阶段，应注意系统技术档案收集管理，必要时需要对技术档案进行审查，发现有不完善的环节，应督促承建单位补充完善，对阐述含混等容易让用户产生歧义的部分，要求进行说明解释。总之，提交的技术文档应通俗易懂，简洁明了，指导性强，便于运行管理人员在技术文档的引导下快速解决问题，即使是新入职的运行管理人员，也可以借助系统技术档案，快速入门。

　　新一代信息技术推动水文监测技术向自动化、智能化方向快速发展，建设并运行好水文自动监测系统，发挥其投资效益应注意以下几点：

　　（1）系统规划应结合自身财力，量力而行，科学合理，统筹考虑，避免出现规划不合理，导致过度消耗运行维护资金和人力资源，给后期系统运行带来隐患。

（2）科学的设备选型，可以节约后续设备维护成本，也可以实现不同系统备品备件共享，降低维护难度，节约人力资源投入。

（3）水文自动监测系统运行管理工作是一项技术性很强的工作，应在系统建设初期着手对技术档案管理和人才队伍培养，确保后期能胜任运行管理工作。

第七节　城市水文地质管理应用

随着我国社会经济的快速发展以及人们生活水平的提高，人们对于生活环境有了更高的要求。在城市环境管理工作当中，城市水文地质管理工作是其中非常重要的组成部分，对于城市规划的方向以及方案的实施有着重要的影响，由此可见城市水文地质管理的重要程度。本节首先对于城市水文地质管理工作进行阐述，从而对于城市水文地质管理的应用进行分析，希望通过本节，能够为城市水文地质管理应用和研究过程提供一些参考和帮助。

引言：随着社会经济的高速发展，城市建设也在不断的加快，在城市建设发展的过程中，必然会出现一些问题，目前来看最为突出的问题是城市中的环境污染问题。近些年来，环境污染已经成为了全世界所关注的重要问题，而在城市环境污染问题中，水文地质相关的环境问题是其中最为重要的。随着城市的发展以及人口的增多，城市对于水资源的需求量变的越来越高，而城市中企业的发展对于水资源则造成了较为严重的污染，所以对于这些问题的进行解决是非常迫切的，从而有效的改善人们的日常用水品质，实现水资源的优化配置和合理利用。

一、城市水文地质管理阐述

在城市环境管理工作当中，水文地质管理是其中非常重要的环节，随着人们对于生态环境的重视程度不断增加，人们对于城市水文地质管理工作也变得愈发重视。在目前的城市水文地质管理工作中，水文地质数据库的作用是非常巨大的，其作用是为城市环境管理工作内容提供信息，通过对这些信息的合理应用，可制定出相应的方案。对于该数据库的管理需要通过信息管理系统来完成，在二十世纪九十年代，加拿大就已经开始利用信息管理系统来实现城市水文地质管理工作方案的制定，而对于该管理系统的资金投入也是十分巨大的。通过对于信息管理系统的应用，使得城市水文地质管理工作能够更加顺利的开展。信息管理系统主要针对地下水和地质进行管理，而地下水管理则主要涉及水质和水量的管理，地质管理则包括地质结构的管理。如今，城市水文地质信息管理系统已经得到较好的完善，且逐渐变为了城市水文地质自动化管理系统，为城市建设管理提供重要的参考和帮助。GASD 系统是以信息管理系统为基础而建立的，有着更快的信息处理速度和数据储存速度，从而有着更高级的管理能力，所以在制定工作方案时能够更加的细致和周详，成为了城市水文地质管理工作的重要辅助工具。

二、城市水文地质管理应用分析

每一座城市都有着不同的条件，使得城市建设有着较大的差异，例如城市的气候条件不同，所以采取的城市管理方案也各不相同，水文地质情况的不同，城市建设发展的重点也不同，同样的，城市在资源开发方面也会有着不同的要求。以往城市水文地质管理工作人员都是利用手动的方式来完成资料的记录过程，而当前更多是采用先进的科学技术来实现。

（一）查询水文地质管理信息

城市水文地质管理信息的查询，主要是通过 MSI 和 GIS 这两种方式来实现，这两种查询方式覆盖了全部的水文地质管理信息查询方法。MSI 和 GIS 这两种查询方式有着不同的使用条件，在使用 MSI 这种查询方法时，需要依据数据库，通过输入查询条件、位置、时空来获取信息，通过与卫星的结合来更快的获得信息。GIS 这种查询方式，无论是使用效果还是方法都比 MSI 更加快捷，从而获得更多区域的水文地质信息，提供给水文地质管理工作人员来使用。

（二）钻孔卡片生成

城市水文地质钻孔卡片生成的工作基本上可以分为两个部分，分别包括了钻孔卡片工作和水文地质剖面图的生成工作。在城市水文地质管理工作中，这两项工作内容是其中非常重要的部分，通过这两项工作的开展，能够对于该座城市的水文和地质情况进行具体的了解，这对于城市环境建设发展具有重要的意义。

城市水文地质钻孔卡片工作是以管理系统中的钻孔数据库和浏览器来为基础，通过这两项工作内容的开展即可生成钻孔卡片，也可以称其为钻孔柱状图。在钻孔卡片的生成过程中，需要在服务器中来获取相关信息，然后将信息输入系统模版，从而启动钻孔浏览器，进而呈现出钻孔的框架图片。以系统模版中所显示的信息来基础，来启动管理系统中的数据库，进而通过信息管理系统中的服务器来获取信息，最终生成完成的钻孔卡片。

相比于钻孔卡片生成来说，水文地质剖面图有着一定的差异性，因为不同城市的地质条件势必各不相同、城市地质条件决定了水文地质剖面图的生成，而针对这种差异性，人们也制定出了相应的解决方法，与上文所阐述的信息查询方法有着一定的共同点。MSI是通过工作流程来生成水文地质剖面图。对于GSI系统来说，这种操作方式是通过传统的钻孔地质结构为标准，从而生成剖面图的方式。例如MSI系统就是利用剖面图生成窗口，然后在数据库中获取信息，从而生成钻孔卡片，然后在钻孔卡片中选择钻孔数据并将其进行标记，接着将这些标记的数据进行连接，从而制定出剖面图框架。最后，针对剖面图框架来进行分析，并对其中的重要信息进行修改和标注，然后根据制图需求来选择最为合理的比例。这样，一幅准确的地质剖面图就制作完成了。而GSI的制图方法与MSI的制图方式是大同小异，只是GSI主要针对一些关于基岩水文地质剖面图的制作，制图方法都是一样的。

（三）地下水曲线

通常来看，地下水曲线的生成相对来说较为容易，但需要工作人员对于地质水位流向具有一定的了解。具体可将数据输入到系统当中来获得地下水的动态，而信息管理系统则会根据输入的数据来调动水文地质数据库中的信息，从而生成地下水曲线。

总的来说，城市水文地质管理工作较为复杂，大部分管理内容都与城市中人们的生活有着密切的关系，所以必须重视水文地质管理工作的开展。随着社会经济的快速发展，城市水文地质管理工作会变得尤为重要，因此，应保证城市水文地质管理工作的顺利开展。

第八节　水文测量船舶工程质量管理

本节结合多年从事水文测量船舶工程质量管理的经验，介绍了质量管理工作在船舶工程建设中的重要意义。简要分析和探讨了当前船舶工程质量管理存在的问题。针对所出现的问题，从管理、设计、施工和引入第三方质量检测监督等几个方面出发，提出了解决问题的建议和措施。提高船舶工程建设质量管理，保证船舶在水上安全、可靠和经济的运行。

水文测量船舶，属于内河钢质船舶。其工程质量管理，是船舶建设工程管理的重要内容之一，应贯穿于船舶建设工程的全过程。随着我国水利事业的快速发展，以及大江大河防汛工作的需要，水文测量船舶工程的建设步伐也日益加快。为了更好的保障水文测量船舶工程建设稳定健康发展，就必须进一步加强其工程建设的质量管理。由于水文测量船舶工程具有专业性强、系统复杂、机电一体化程度较高等特点，因质量问题而导致的船舶工程事故时有发生。因此,加强水文测量船舶工程建设的质量管理势在必行,刻不容缓。

一、水文测量船舶工程质量管理的重要性

随着产品市场的不断发展和竞争的需要,人们对产品的质量重视程度越来越高。同样,作为水文测量船舶这个特殊产品的质量,也是越来越引起船业界及社会的极大关注。质量是产品生存的关键。因此,只有科学的加强质量管理,才能确保水文测量船舶工程建设的质量。

对于水文测量船舶而言,优质工程,不仅具有经久耐用和安全航行的效能,而且自身作为载体,能够保证在黄河水文测验中及时测量到大量可靠的水文数据和信息,在防汛工作中发挥出巨大作用,还会带来应有的经济效益和社会效益,产生长远的社会影响力。反之,劣质工程,不仅会给船舶自身航行带来严重的安全隐患,而且在防汛工作中发挥不了应有的作用而失去了价值,还会给国家和人民的生命财产造成巨大损失。因此,质量管理是水文测量船舶工程建设中的重中之重,决不能因为追求工程施工进度和企业效益而忽视质量管理工作。只有深刻地认识到质量管理的重要性,才能使我们从思想上对之引起足够的重视,进行有效的预防和控制,把质量管理工作才能做得更好、更扎实。

二、目前水文测量船舶工程质量管理存在的问题

在水文测量船舶建设工程运行过程中,质量管理主要存在以下几方面的问题:

(一)建设管理方面

在水文测量船舶工程建设招投标过程中,个别建设单位只重视审查设计和施工单位的资质,以及编制的投标文件,而忽略了对设计和建造过的实体船舶的质量考察调研。招投标管理不够规范,存在串标、人为干预招投标的现象。为了节约设计和建造投资,选择了设计和建造资质等级较低的投标单位,来承担设计和施工建造任务。在项目建设过程中,尽管执行了工程项目招投标制、项目法人责任制、工程建设监理制、工程建设质量终身制,但没有认真落实到位或执行不力,出现有制度没落实的现象。

(二)设计管理方面

有的设计单位,设计水平有限或设计质量意识不强,提供的设计图纸和技术文件,未经认真校对审核,也不进行技术交底,就用来施工。在建造过程中往往出现诸

多问题，尤其是当提供的图纸和文件深度不够，表达不全面、不详尽时，导致施工单位不得不经常与设计单位联系沟通，投入一定的人力物力来处理设计问题，出现边建造边修改的现象。对于需要设计修改或变更的通知书，送达不及时不规范。

（三）施工管理方面

个别施工单位，领导对施工质量重视不够、意识薄弱。尽管质量管理机构健全，但有责不负现象时有发生，容易造成工程质量隐患。不能严格按照设计图纸和技术文件施工，甚者随意变更设计，偷工减料，以次充好，求多求快但不求好。不善于应用新材料、新方法、新技术和新工艺来科学施工。同时，还存在生产设备设施落后，检测工具仪器不全，质量检验人员配备不足，施工人员质量意识淡薄、无证上岗、责任心不强、加工方法落后、技术培训缺乏等。这些都严重影响到了工程的质量。

（四）监理管理方面

有的监理单位尽管有监理资质，但并不懂得船舶工程领域的技术规范、检验程序，且缺乏全面的专业技术知识，难以胜任质量检验工作。有的监理单位工作深度和广度不够，质量能力和意识不强，缺乏有效的质量检验方法和手段。工程项目实施时，监理人员配备较少，针对建造工程点多、面广、量大的特点，难以实现跟踪监理，造成质量检验工作不全面、不到位。监理人员自身素质参差不齐，有的甚至无证上岗，工作责任心不强等。

（五）原材料、设备进厂验收方面

有的原材料、设备进厂时，没有经过严格的检查验收，表现为不核对原材料、设备钢印、型号、规格、数量和标志，不进行外观检查，不查阅产品质量证明书、船检证书、合格证书，随机技术资料保管不规范、不齐全，也给船舶检验工作造成了重大影响。

三、水文测量船舶工程质量管理的几点建议及措施

建议从以下几个方面，加强质量管理，确保工程建设质量。

（一）加强设计管理，提高设计质量水平

设计是决定工程质量的首要关键环节。因此，首先设计单位必须对技术设计（含图纸和文件）进行认真校对审核，发现问题，及时整改，且图纸文件必须完整齐全。其次由建设方、设计方、使用方共同对技术设计进行认真会审，发现问题再次整改。最后报送船舶检验机构对技术设计进行审查批准，取得审查意见书后，方可施工。在船舶工程施工前，务必由设计单位向施工单位进行详尽的技术交底，并解答释疑。若

设计需要进行修改或变更时，设计单位必须及时向各参建单位送达修改或变更通知书。

（二）强化施工管理，严把施工质量标准

施工是决定工程质量的最终关键环节。施工单位在施工前，应组织有关人员，认真全面的阅读设计图纸和文件，领会设计精神，及时发现并解决图纸中存在的问题，制定出科学可行的施工方案，为施工作好技术准备工作。施工过程中，应严格按照审批过的设计图纸和文件，规范管理，精心施工，不偷工不减料。严格执行"自检、互检、厂检"三级质量检验制度，做好质量检验记录。对发现不符合质量标准要求的问题要坚决整改。施工单位的施工质量，由监理单位进行评估鉴定，最终由船舶检验机构进行法定检验，并颁发检验证书。

（四）加强原材料、设备的质量控制

对购置的原材料、设备，以及外协加工成品等进厂入库前，应由质量检验人员，组织全面的认真的检查验收，签发合格证明，填写质量检验报告。做到先检测后使用，以加强原材料、设备的质量控制，减少不合格产品的出现。对不合格的材料不使用，不合格的设备不安装。还应对原材料、设备，以及外协加工成品的相关证书证件及技术资料，收集齐全，按专业不同进行分类妥善保管。

（四）引入第三方质量监督检测

船舶建设工程中，施工单位的焊接质量，可由具有相应专业资质的第三方无损检测机构，对焊缝内部质量进行射线探伤或超声波探伤检验，并出具公正公平、数据可靠、结论准确的检测报告，对焊接质量进行客观权威的评价，充分发挥第三方质量监督检测的独立作用。

（五）重视技术培训，提高参建人员业务水平

参加船舶工程建设的管理和施工人员，其业务素质水平的高低将直接影响到船舶工程建设的质量。加强参建人员的技术培训，提高其业务技术素质，显得极为重要。因此各参建单位应建立完善的考核机制，重视人员的专业技术培训工作，定期举办相关专业技术培训班，学习质量管理的新理论、新政策和新标准，不断丰富理论知识和实践技能，总结质量管理经验，运用新技术、新方法开展质量管理工作，提升质量管理水平。

笔者从事黄河水文测量船舶工程质量检验和质量管理工作多年，一直重视和关

注船舶工程质量管理工作。工程质量管理工作的好与坏将直接影响到工程建设的工期、进度、质量、成本，对工程建成运行后的环境效益、经济效益和社会效益起到了至关重要的作用。因此，在船舶工程建设中，建设、设计、监理、施工等参建各方人员，都应该重视质量管理工作，充分发挥自己的专业技术特长，提升船舶工程建设质量管理水平，保证船舶在水上安全、可靠和经济的运行，有效预防和避免水文测量船舶工程质量事故的发生。

第五章　水文管理创新研究

第一节　现代水文测验管理

　　针对当前水文测验管理工作存在的问题和不足,利用云平台技术结合当前工作的需求,设计了水文测验管理系统。该系统利用云平台技术和数据挖掘技术构建,可有效解决当前水文测验管理中存在的若干问题,从而提高水文测验管理工作的科学性和时效性。

　　近年来,通过以长江水利委员会水文局为代表的水文测验方式方法技术创新活动,水文测验技术取得了长足的进步。

　　然而,当前缺乏较为全面的水文测验系统来统一管理运行,造成水文站网和技术装备管理滞后。此外,由于水文测验资料时效性不足,水文测验与用户脱节,尚无有效的平台进行交流。水文站网规划缺少较为成熟的软件,虽然有站网规划数据,但未形成有效的系统来支持站网规划工作的开展。技术装备的维护、管理,单位之间的技术装备调配不够科学,一些单位部分仪器设备闲置在库房,而另一些单位却严重缺乏仪器设备,因此使用效率普遍偏低。水文外业测验原始数据存储为单机储存,部分数据仍采用纸质记录,非常不利于后期的数据审查、调用和后处理,与当前数字化"互联网+"的时代严重不匹配。在南方片软件研制出来后,整编软件取得了较大进步,但该软件仍是单机版数据储存,尚无统一的数据平台,不能实现数据的云储存和在线整编。水文测验成果数据的发布和应用较为单调,不能与经济社会的需求相适应,用户体验较差。因此,亟需通过先进的技术手段,建立一个与当前水文测验工作需求相适应的现代水文测验管理系统。

一、系统建立的基础

　　尝试采用云计算平台(下文简称云平台)技术以及数据挖掘技术,设计出一个更加全面、科学、智能、面向用户的水文测验管理系统。云平台一般可以划分为3类:以数据存储为主的存储型云平台;以数据处理为主的计算型云平台;计算和数据存储处理兼顾的综合云平台。采用综合云平台建立水文监测管理系统,可以提高数据存储的安全性、唯一性和可共享性,提高系统的运行、分析计算和管理效率。通过对系统运行中的站网数据、技术装备数据、外业测验数据、资料整编数据以及系统管理数据的分析与数据挖掘,可获取提高站网规划科学性、优化技术装备配置与管理、提高外业测验和资料整编成果质量的方法。

二、系统设计

根据实际工作的需要,在水文测验管理系统中设计了水文站网规划、水文技术装备管理、外业测验管理、数据整编以及数据发布5个模块。这些模块共享云数据库,均能实现 BS 模式操作,可对测验人员、管理人员及用户等角色进行权限划分,且具有协同编辑、权责明确等特点。

强化防汛抗洪基础工作。进一步制定完善松花江洪水调度方案、重要防洪工程调度方案、城市防御超标准洪水预案和黑龙江干流洪水防御方案,修订完善各级防汛抗洪应急预案等,增强方案预案的实用性和可操作性。

站网信息管理功能模块应具有完整的水文站网信息数据库,且具有地理信息系统作为显示平台,历史水文站网、现有水文站网和规划水文站网均能在地图中显示,并具有选择某一设定时刻查看站网的功能(与 google 地球类似)。当设定到某一时间后,就能显示当时(或未来)的站网布设情况,具有相应的分析功能,可实现某一流域、区域的站网统计与分析,能够分析出当前站网的薄弱区域,辅助开展站网规划建设。用户可以连接进入每个站点的网页查询更多的信息,还可通过协同编辑的方式上传照片、资料到系统,补充、修正站点信息,通过水文站网管理人员审核后可采纳为正式的站点信息。

水文技术装备管理模块。技术装备管理模块应具有各级水文单位的水文设施、设备配置情况数据,且能够记录各单位水文设施设备的历史建设、更新和维护情况,能够从历史数据中分析出使用寿命较长的技术装备类型,以及各类技术装备容易出现的问题等,能够获取使用仪器设备故障率高或低的单位信息,分析出同一仪器在不同区域的适用情况,统计出技术装备配置偏低的单位或区域,从而合理配置、调用仪器设备。同时,可以提醒技术装备维护人员每年需要更新、维护的仪器、设施,以及第二年需要做的采购工作等,最大程度地帮助技术装备管理人员合理安排仪器设备维护工作,使技术装备的配置、使用最优化。

外业测验模块。

水文站网规划模块。类似于办公系统的流程管理,该模块中管理权限明确,外业测验完成后,一校、二校、审核等工作都在网上实现,成果直接进入外业数据库云存储，能在水文站网地图上显示出测验成果。例如检校水位可以通过手机扫描站牌下面的二维码或者根据 GPS 定位信息自动识别所处站点位置，登录检校人员账号，点击检校水位，输入当前水尺编号和读数，检校人员查看水位观读成果和水位自记成果，将数据发送到云服务器上，云服务器将本次检校结果用于校核、修正自记水位，最终存储本次检校工作记录。

该模块还应具有协同编辑功能，用户可以在系统中提出异议或修改意见，可经过各管理流程审核后修正原测验数据。外业测验模块可进行智能统计分析，发现外业测验和审核环节容易出现的问题，供技术人员参考，并具有智能自动查错和提醒功能，如校核水位时，可以根据上下游水位的关系初步判断数据正误，并给测验人员提示。可以从时间轴上看到该站点近期的各项测验分布情况，同时能显示当年度、当季度、当月的流量、单沙和输沙等测次统计数据。能定期自动生成质量管理报告，供领导和技术管理人员了解近期外业成果的质量情况。

数据整编模块。数据整编模块应实现数据的云存储，免安装软件实现 BS 操作，数据分析和画图的后台计算由服务器端执行，前端只获取操作指令和提供显示功能。该模块对于大部分测站的资料应具有智能自动整编功能，可读取外业测验模块中的数据自动整编。测站专业技术人员根据自动整编的成果进行修订，形成原始整编成果，经多级审核后形成正式发布的整编成果。同时，该模块也为用户开放整编功能，用户可根据自身的需求，利用已有外业资料自助进行整编。

数据发布模块。数据发布模块应尽可能满足不同用户的多种需求，使用大数据提供更多的水资源信息满足经济社会需求。数据发布应针对不同的用户提供可定制的发布界面，如对于某一水资源管理用户，可以选择关注所需的几个站点数据，并可以设定报警值。当水情信息超过用户设定的报警值时，系统可通过短信、微信等方式提醒用户。通过综合的数据显示功能，用户选定的站点信息或数据可通过自定义的地图或图表形式来显示。可以设计更人性化的信息获取入口，如在每个站点站牌内设计二维码，可以让到达站点的其他人员快速连接并查看该站点数据。查看和使用数据发布成果的用户可以通过协同编辑等方式，对资料成果提出异议或建议，专业技术管理人员及时回答用户提出的问题。广大用户可以协助提供各类特殊水文情势出现的信息，可以监督涉水工程报送资料的正确性，例如，水库管理单位若提供错误的下泄流量信息，用户（群众）可以通过观察河道中的实际水量来判断其数据的准确性。

利用云平台技术和数据挖掘技术构建的水文测验管理系统，有效解决了当前水文测验管理中存在的一些问题。建立了水文测验的云数据库，以确保数据的安全性，避免数据在不同计算机上出现不同版本的情况，从而有效提高了资料的准确性。通过数据挖掘技术，为站网管理、技术装备管理提供了有用的辅助功能，工作效率得以提高。

云存储和云平台的建立，实现了水文外业的无纸化工作，提高了外业资料的时效性。建立以水文测验人员、技术管理人员及用户等身份存在的多种账号，设计了各账号间交互式的工作协作关系，提供了较好的沟通渠道，使水文测验工作更加直接有效地为用户服务。

第二节　海外水文工作涉税管理

近年，我国水利水电建设企业承接的海外项目越来越多，作为其重要组成部分，海外水文工作也在逐年增加。海外项目存在点多面广、业务繁杂、各国税制不一致等特点，税务管理难度很大，而且税务管理的精细度直接影响到海外水文工作承包项目的利润及资金回笼。分析研究海外水文工作的税务筹划和税务管理具有重要现实意义。以巴基斯坦项目为例，深入分析怎样合法合规进行海外水文工作涉税管理，为提升海外水文项目的盈利空间提供借鉴。

近年随着我国水利水电建设企业走出国门进入国际市场，海外水文工作的需求也越来越多。国际市场异常激烈的竞争导致合同价降低、利润率下降，项目获利空间越来越小。同时海外项目受所在国政治、经济、成本环境、税收政策、汇率、项目担保等多方面因素影响，非常复杂，可借鉴的海外水文项目又很少。如何能够尽可能地规避风险，为企业赢取合理利润，合同的定价是重中之重。税务成本是构成合同价格的重要组成部分，透彻分析税收法律法规，充分利用法律、政策对水电项目开发的扶持，争取最大力度的税收豁免，具有非常重要的意义。

一、避免双重征税协定

世界各国主要以来源地税收管辖权和居民税收管辖权对进行跨国活动的公司和个人课税，在海外从事水文工作的企业面临着需要缴纳双份税额的风险，一份交给自己的居住国，一份交给项目所在国。

如何避免交纳双重税收呢？首先企业可以利用我国与项目所在国签订的避免双重征税协定确定项目的主要纳税地点，其次可以根据我国的税法抵免已在境外缴纳的所得税。

目前,巴基斯坦、委内瑞拉、印尼、老挝等 100 多个国家都和我国签订了避免双重征税协定,这为执行海外水文工作确定纳税地点、制定税收筹划方案等提供了有效的法律依据。

根据避免双重征税协定,跨国营业所得由项目所在国有限制地优先征税。判定优先征税的限制条件,就是常驻机构。按照这一原则,设有常驻机构的海外水文工作才会被项目所在国征税。我国企业所承担的海外项目,如果没有设置常驻机构,其营业利润可以仅向我国政府交税。因此,判断是否设有常驻机构就变得十分关键。其相关规定如下:在缔约国另一方提供劳务、项目相关的监督管理活动以及承包装配、安装、建筑工程等,设有常驻机构一般需要达到一定的时间期限。例如在巴基斯坦,连续 6 个月以上就被视为设有常驻机构。

有的水文项目仅需提供一段时间的外业勘测和资料收集服务,有的项目还需要提供水情自动测报系统的建设安装和现场水情预报服务,企业可根据海外项目具体情况筹划是否需要设立常驻机构,对于能够在 6 个月内完成的项目,可以通过不设常驻机构方式来减少海外税务成本,这样既提高了企业的利润又维护了国家的利益。

二、企业所得税

我国的企业所得税自 2008 年 1 月 1 日开始按利润的 25% 执行,而亚洲、非洲、南美洲等发展中国家的企业所得税分别为:刚果(金)35%、巴基斯坦 32%、秘鲁 30%、菲律宾 30% 等。在相同利润情况下,国内所得税税率一般比项目所在国低。因此对于需要在项目所在国缴纳税金的海外水文工作,如何合理筹划税金就显得十分重要。本节以巴基斯坦在建项目为例从合同签订、成本与费用两个方面进行筹划分析。

(一)合同签订

1. 无税合同与含税合同

在海外项目中可以通过与甲方签订无税合同或者带有补偿条款的含税合同来合理规避税务风险。

如果甲方明文规定要签订含税合同。承包企业在合同谈判时应该增加税款补偿条款。规定在项目建设期内,巴基斯坦税务部门对税率进行调整超过一定范围的时候,由甲方对承包企业进行一定的税款补偿。

2. 合同的拆分

在海外项目中承包企业可以通过将合同进行拆分的方式来达到合理减少税务负

担的目的。

根据巴基斯坦和我国达成的避免双重征税相关协定，由业主和承包单位签订的合同范围内的设备采购合同可以豁免税金。与此相反，在巴基斯坦境内发生的技术服务合同，巴税务当局要征收 12.5% 的预提企业所得税和 16% 的技术服务税。

海外水文项目一般需要提供水文外业勘测、水情自动测报系统建设和水情预报工作三大服务内容。水情自动测报系统建设工作中设备采购成本占有很大比例。水情预报和水文外业勘测主要是技术服务工作。因此，将合同拆分为服务合同和供货合同，将设备供货合同放在项目所在国签订，将技术服务合同放在企业所在国签订，既可以豁免供货合同的税金，又可以避免高额的技术服务税。

（二）成本与费用

在海外水文工作的成本与费用筹划方面也有一定的合理空间可以利用，比如可以采用国内管理费计入成本和加速折旧的方式减少税务负担，具体方式如下：

1. 国内管理费计入成本

按照巴基斯坦的税法及互免双重征税的相关规定，承包企业在其所在国开支的人员保险费、投标费用、出国动员费、出国人员服装费、员工培训费等都可以计入一般管理费作为成本抵税。

2. 加速折旧

根据巴基斯坦的税法，新设备第一年可以折旧原值的 15%，其后的每年依次递减。

三、个人所得税

个人所得税一般规定为对非独立个人劳务所得的征税。为了有效规避双重征税，减轻个人所得税费以及合理加大项目人工费成本，本节从时间控制、收入分解和最佳年薪三个方面来对海外水文工作个人所得税的筹算进行分析。

（一）时间控制

避免因超过规定的工作时间而被项目所在国按照当地居民的标准课取全球收入的个人所得税。如我国员工在巴基斯坦，受聘于当地项目部而取得的工资，巴基斯坦政府也可以征收个人所得税。而且如果该员工在巴基斯坦居住累计达 182 天或以上；或者该年其在巴基斯坦居住累计 90 天或以上，并且在该年的前 4 年内在巴基斯坦已居住 365 天或以上的视为巴基斯坦居民个人。该员工在全球（包括中国）取得的收入都需要向巴基斯坦政府缴纳个人所得税。

所以企业员工在巴基斯坦停留时间在 12 个月内应尽量避免超过 182 天。

（二）收入分解

国际纳税中，一般情况下个人收入中的医疗补贴和特殊津贴可以享受税收减免，其中医疗补贴一般不得超过基本工资的 10%，特殊津贴一般不得超过基本工资的 1/3。对员工的收入可以进行分解，在对外工资表上根据当地法规把免税开支提前标明。

（三）最佳年薪

我国对外签订的避免双重征税协定规定：中国公民，其世界范围的所得都应向中国政府缴纳个人所得税。同时为避免中国公民取得非源自中国境内所得的双重征税，对于中国公民取得的境外所得，个人的应纳税额中是可以将境外缴纳的税额扣除的，但允许的扣除额不得超过该境外所得依照中国个人所得税法规定计算的应纳税额。

海外水文工作所在的发展中国家个人所得税起征点低，税率增幅较慢。我国的个人所得税起征点高，税率增幅较大。因此，薪酬过低时在海外发展中国家所交的税率比国内高，同时不利于尽快回收成本。薪水过高时，税负过高而且还要在国内补交个人所得税差额。因此，筹划工作人员薪酬在项目所在国与中国个人所得税计算出的纳税额相近时，在不增加个人所得税负的情况下，既可以达到尽快回收成本的目的，又可以增加项目的人工费成本以达到减轻赋税。

根据两国个人所得税税率计算公式，可以看到在年薪 15.5 万元和 36 万元之间，两国税率重合。根据在两国负税一致同时尽量增加人工费成本的需求，36 万元年薪为最佳年薪。

四、关税

海外水文工作需从国内进口设备、配件和物资材料等，而在进口上述货物所产生的成本中，缴纳的各类关税占了较大的比重。因此，分析项目所在国有关税收方面的法律法规，充分利用其法律、政策对水电项目开发的扶持，对关税进行筹划管理十分有必要。

关税包括我国的出口关税和项目所在国的进口关税。由于海外水文工作涉及的主要是利用国际金融组织或国家贷款的项目，而我国对此类项目实行出口零关税政策，因此本节主要讨论项目所在国的进口关税。下面从进口申报和水电项目优惠条款两方面来探讨如何筹划巴基斯坦水文工作的进口关税。

（一）进口申报

临时进口申报的货物可以享有优惠关税。

关税申报在项目所在国一般可以分为两类：第一类是临时进口申报，主要是指在项目结束后，项目所用车辆和设备等要运转出境，这类关税的申报在很多情况下是享有优惠税率的，甚至有些可以免税；第二类是永久进口申报，主要是指在项目工程中需用的永久性物资，这类的关税申报一般都规定好了税率和征收，并且需要将关税一次性付清。

（二）水电项目优惠条款

按照巴基斯坦关税法案，水电项目所用货物进口海关关税优惠税率为5%，但施工机械、设备和除载客用的特种车辆必须为临时进口的方式，才能享受到此优惠税率。在办理临时进口时，收货人需向海关开具原税额减优惠后税额的差额部分相等金额的远期支票，待临时进口期限到期后，再向海关办理出关手续。如未能办理，海关有权力兑现该远期支票。视工程进度情况，也可向海关办理临时进口期限二次延期，但到期后同样要出关。对于工程所需的材料、物资等（永久性进口），可以利用中巴自由贸易协定（FTA），在该协定下，纳入关税减免目录的材料和物资可以申请到5%的优惠税率。

本节以巴基斯坦项目为例结合水文工作的特点，从避免双重征税协定、企业所得税、个人所得税、关税四个方面用实例和数据深入分析和探讨海外水文工作的税务筹划和涉税管理的方式方法。在"一带一路"战略新形势下为我国企业走出国门，掌握和运用好国际通行的合作模式，避免经济资源的浪费，提升项目的盈利提供借鉴。

第三节　水文资源工程造价管理

在经济快速发展的今天，地方的水文资源工程建设，都成为了重点内容，对于地方的发展、国家建设等，都会产生特别大的影响，为确保在工程建设上达到预期效果，有必要积极的落实造价管理。文章就此展开讨论，并提出了合理化建议。

从客观的角度来分析，水文资源工程对于我国的长久发展而言，具有非常大的社会意义，但是考虑到各个地方对经济的需求不同，所以在造价管理上，必须要执行综合化的手段来完成，既要保证水文资源工程的施工，能够减少隐患和冲突；又要在造价合理性方面，达到较高的水准。

一、水文资源工程特点分析

我国作为一个发展中国家，在长久的建设当中，开始通过一些比较积极的手段进行建设，力求从整体上提高国家发展水平，创造出更高的价值，为居民的生产、生活条件改善，提供更多的支持。结合以往的工作经验和当下的工作标准，认为水文资源工程的特点，主要是集中在以下几个方面：第一，该项工程在建设的过程中，耗时费力，往往会得到社会上的较多关注，如果不能采取合理的造价管控手段，肯定会造成工程的搁置现象，甚至是产生工程的长久运营问题。第二，在工程的管控过程中，必须确保各项手段的合理性。现如今的很多地方，都步入到了重要的建设阶段，水文资源工程所能够产生的影响范围是非常庞大的，绝对不能按照过往的传统模式来完成，要求从长远的角度出发。第三，在水文资源工程的内部、外部，应该在衔接工作上有效的完善，特别是细节上的工作，必须要积极的推敲和分析。水文资源工程一旦完工，想要推翻式修改，基本上是不可能的，同时在隐患的排查上，特别应该仔细的进行。

二、水文资源工程造价管理的对策

（一）加强立项决策的管理

从表面上看看，水文资源工程的建设，的确能够对各个地方的发展产生较大的积极作用，但这毕竟是一项大型工程，为了在造价上避免出现中断的情况，有必要在立项决策工作方面更好的完善，这样才能对将来的发展产生较大的积极作用，否则很难达到预期效果。首先，立项决策开展之前，必须针对水文资源工程进行大量的调查研究，要分析该工程是否能够达到预期目标，是否可以创造出较高的价值，是否在城市建设的承受范围以内。水文资源工程带来的效益和积极影响非常突出，可是面对的挑战也特别的强烈，如果在立项决策之前，没有足够的数据、信息、资料作为支持依据，是不能贸然立项建设的。其次，立项决策过程中，要继续调查分析，观察国家的态度和行业的发展趋向。从过往的情况来看，有些地方贸然建设，不仅造成了资金的浪费，同时还给地方区域发展造成了严重的阻碍，产生的损失难以估量，这是需要在立项决策当中重点考虑的。

（二）加强设计阶段的控制

随着水文资源工程的快速发展，设计工作也不断的得到重视，并且产生的影响在积极的扩大。就工程本身而言，设计工作是核心组成部分，其能够产生的影响特别强烈，一不小心，就有可能造成较大的疏漏，给工程的发展，将会造成难以弥补的后果。结合以往的工作经验和当下的工作标准，认为在设计阶段的控制上，可从以下几个方面来完成：第一，设计应从安全、功能、标准和经济等方面全面权衡，进行多方案的比较和价值工程分析，最终确定一个较合理的设计方案。并对设计概算及施工图预算提出全面准确的要求，力求不漏项、不留缺口。第二，在设计工作的执行过程中，要时刻对变化的因素进行关注，特别是城市的区域规划、国家的政策规范等，以及自然环境的变化，这些内容产生的影响是决定性的，不能有任何的忽视，要依据动态因素的转变，在设计阶段实施有效的修改。第三，设计工作在完成以后，要进行检查核对，在一些关键的数据上，做出详细的标注；在重点位置进行解释，尽量达到设计的完美。

（三）加强招标管理

水文资源工程在现代化的建设中，已经成为了经济效益和社会效益的共同体，想要在未来创出更高的价值，必须将招标管理更好的完成。从主观的角度来分析，绝大多数的商家，都是希望通过水文资源工程，获得较大的经济效益，巩固自己在行业内的地位，然后再去追求社会效益。在此种状况下，招标管理工作显得特别重要。第一，在招标开展之前，必须对具体的招标标准做出讨论分析，要在造价工作上做出详细的规范，同时积极的与政府部门合作，要求以专业的态度和权威的手段，促使招标工作，能够在一个公正、公平、公开的环境下实施，减少过往的多项问题和不足。第二，在招标工作的实施过程中，国家的相关规范必须得到切实的执行。水文资源工程虽然可以带来很大的经济效益，但其隶属于国家的重要基础工程，对社会民众的影响特别大，所以在招标工作上，要求以大局利益为主，绝对不能出现"得不偿失"的情况。第三，招标管理工作的落实，要达到高度透明化。我国在现代化的建设中，已经开始步入到新的轨道当中，因此在招标管理上，要切实结合水文资源工程的变化和特点。

本节对水文资源工程造价管理展开讨论，现阶段的工作实施中，整体上趋向于良性循环，未出现严重的缺失和不足。日后，应该在水文资源工程的造价管理上，不断颁布较多的条文和规范，确保在每一项管理工作当中，都能够执行有效的手段，真正意义上达到有据可依的目标。另外，对于水文资源工程的调查也不能停止，要积极的取缔劣质工程，减少隐患。

第四节 水文行业人力资源管理

在当下激烈的市场竞争中,各企事业单位要想拔得头筹,首要任务就是要加大对人才的培养和利用,这样才能增强企事业的综合实力和市场竞争能力。同样,水文行业也是如此,其必须对现有的人力资源管理方式进行全面的完善和革新,寻找一条可以符合当下人才需求的科学管理途径,这样才能吸引人才目光,为企事业发展培养出更多优秀复合型的人力资源。本节也会对水文行业人力资源管理进行深入的分析,进而提出一些新的探索建议和认识。

随着社会经济水平的日益提高,人们对企事业单位的各项管理工作也给予了高度的重视,看其是否达到科学化、透明化、规范化,尤其是在人力资源管理方面。而水文行业作为一种特殊的事业机构,其对于人员技术能力的要求十分之高,这就给人力资源管理工作提出了新的挑战,必须采用科学的人力资源管理思路,针对水文行业的实际工作特点,寻找一条适合职工发展的管理途径,这样才能提升职工的专业素质和专业能力,使其更好的为水文事业的发展服务。

一、人力资源科学化管理的基础条件

在水文行业中,对于单位人力资源的科学化管理,应建立在以下几方面基础条件上:

第一,要结合岗位需求合理分配人力资源,尽量按照人力资源规划来进行,同时还要对各岗位制定明确的规范制度。第二,要构建完整的水文站点,并针对人力资源管理问题设定统一的岗位说明书,让每一位员工都能熟知单位的岗位职责标准和要求。第三,要明令禁止职工的上岗程序,使其可以做到公平化、制度化。第四,对于人力资源管理工作的顺利开展,要建立行之有效的制度措施。第五,构建科学完善的考核测评体系,以便可以规范员工的工作行为,使其树立良好的竞争意识。第六,要定期对员工开展科学规范的培训活动,进一步提升个人素质和业务能力。

二、人力资源科学化管理的具体内容

(一)人力资源规划的编制

水文行业要想确保人力资源管理的科学化、制度化,首先就要建立完善的人力资源规划,而该规划的编制必须依照国家及有关部门所颁布的各项规范政策来进行。同时还要对其岗位设置制定严格的规章制度,不仅要满足水文行业的发展需求,而且还要做到与人员的分配要求相吻合,这样才能促进人事管理的顺利开展,使其达到科学化、规范化、制度化。

（二）职务及岗位说明书的编制

1.职务编制条件

水文行业人力资源管理要想得到顺利的开展，其职务编制是必然存在的基本条件，且保证编制内容要与单位发展需求相一致，即包括：岗位名称、岗位等级、工作职责、工作标准、任职条件等。同时岗位设置必须配备健全的说明书，结合岗位实际特点来进行，如专业技术岗位的制定等级为 3 级 -13 级；技术岗位的制定等级为 2 级 -5 级；管理岗位的制定等级为 5 级 -8 级。

2.明确实施范围与原则

首先，水文行业的职务设置必须由编制部门来执行，且要结合实际需求以及行业性质来确定各岗位机构、岗位人员以及相应的编制计划。同时还要对每个岗位的知识结构、工作难易程度、站点级别、劳动强度等进行全面的分析，以便可以依照分析结果将单位内部的岗位职务确定出来，即：管理层、技术层和上勤层三种。

其次，要根据不同岗位职务制定对应的管理制度，保证岗位设置完全做到科学合理、效能节约、精简统一等分配原则，从而要求每一位职工都能达到按需设岗、竞聘上岗、一专多能，这样才能更充分发挥自身优势，为水文行业的未来发展贡献出应尽的责任和义务。

（三）岗位类别及岗位等级设置

从类别角度来看，水文行业内部的管理岗位可分为七个等级，如：厅级、处级正职、处级副职、科级正职、科级副职、科员、办事员等将近4-10个职员岗位。技术岗位则一般分为 12 个等级，即：高级岗位、中级岗位、初级岗位等，这些级别的定位主要依据技术能力的综合评审要求为基准。上勤人员则分为四个等级，如：技师、高级上勤人员、中级上勤人员、初级上勤人员，依次类推将近 1-5 个岗位。无论哪个岗位的人员都要严格遵守单位的行为规范和法律准则，并在文件和单位网络中进行公布，确保这些制度要求的固定性，以免出现人员流动等不良现象。

三、科学人力资源管理的策略

（一）进行岗位聘任

其一，岗位聘任必须结合水文行业人力资源管理现状来进行，坚持现状与未来、老职工与新职工有机结合的聘任原则，这样才能完善人力资源的管理和分配，使其做到规范化、合理化。

其二,对基层站点的工作岗位进行人员聘任,必须以熟悉河流特性与职工居住实际情况为基准,尽量避免远离站点的职工竞聘,这样既可以保证工作的连续性,又可以使岗位需求与职工居住需求相一致,从而更好的保持站点人员的稳定。

其三,在考核岗位业绩时,一定要将职工的工作素质和业务技能有效区分开,这样才能保证综合指标评定的公平和公正,为单位培养出更多优秀的复合型人才。

(二)抓好绩效考核

首先,要明确考核方法与相关标准,尽量参照相应的人员考核管理条例以及相关细则要求,以单位年度总目标任务为基准,对个人业绩进行科学合理、公正公开的测评,以便激发员工的积极性,使其更好的加入到单位组织的工作活动中。

其次,对职工考评小组的职责和工作权限进行清晰的明确,力争采取每月小考、年度中考、半年大考、年终综合测评等考核原则,这样才能保证人力资源管理的科学化、制度化、规范化。

最后,要做好人员监督与管理工作,全面征集职工的意见和建议,以便更好的完善绩效考核工作,使其达到点面结合、年终与平时结合、基层与机关结合,领导与职工结合的管理模式。

(三)实施职工奖惩措施

注重年度评优。对表现好的员工要给予及时的奖励,并以年为单位,评出年度优秀工作者,一方面可以通过涨工资来激发职工的工作热情,另一方面还可以适当的以职务升级来提高员工的竞争意识。

水文行业是一种特殊性工种,要想使其在激烈的市场竞争中获得一席之位,关键任务就是要完善其人力资源的管理,明确子单位与职工的聘任关系和具体内容,以便帮助职工找到自身发展的方向,努力成为符合单位发展所需的复合型技术人才。

第五节 水文遥测设备的管理及维护

当前,在对洪涝这一自然灾害进行防范中,往往需通过水文遥测设备对水文展开监测。水文遥测设备实际应用中,通常会有一些故障出现,需进行管理、维护,以确保其使用性能,进而使其应用性能得到有效发挥。本节基于水文遥测设备中常见的故障,将提出相应的管理、维护建议。

当前,无线技术广泛被应用在各行各业中,水文系统中也将这一技术引入,开展相关监测工作中对水文遥测设备进行了应用。水文遥测技术可对地理水文进行全程监测，以便于对水文数据进行收集，通过这些数据的分析来对防洪工作进行部署。其中需对多个设备进行应用，这些设备大多为精密仪器，加之使用环境复杂，时有故障出现。因此，对于水文遥测设备，需注重管理、维护工作的开展，以确保其运行稳定性，使其智能监测的作用得到有效发挥。

一、水文遥测设备常见问题

水文遥测技术对水环境进行应用不会受到距离的限制，可对水文进行全程观察，及时发现水文的异常，进而采取相应防范措施，使周围居民的安全得到保障。但水文遥测设备具体应用中，会有一些故障出现，使其高效使用受影响，具体如下：一是通信不畅通。水文遥测设备监测到的数据需传输到信息中心保存，但若通信不畅通，则会使信息传送过程有丢失、受损等出现。信息传送故障的出现受多个因素影响，一方面，自然环境与电磁干扰，边远、地理条件复杂的地区通信技术相对落后，常使水文遥测设备的通讯中断；另一方面，人为操作影响，通讯出现异常时，相关工作人员对技术方法不熟练，单一通过重启来恢复通讯，系统中的数据经常丢失；二是精密设备多、维护难度大，水文遥测设备中包含着较多的精密仪器，且监测设备大多处于野外环境中，一旦有故障出现，检修人员难以第一时间进行处理，致使监测中断、数据丢失等出现。另外，受恶劣天气的影响，水文遥测设备故障的判断难度会增大，加之现阶段故障判断技术还不够成熟，致使一些故障难以及时被发现；三是相关工作人员技术水平有待提升，水文遥测设备应用中涉及到人员较为广泛，部分基层工作人员技术水平还不够高，展开故障判断、检修等工作时，大多依赖于人工与经验，技术创新工作不到位，致使设备故障难以得到及时性解决。同时，部分工作人员对水文遥测设备维护的认识不到位，日常工作中不会展开维护，故障出现时才进行处理。

二、水文遥测设备管理及维护建议

（一）选用性能良好的通讯工具

水文遥测设备中的通讯工具应该具有先进性，并确保性能良好，应用过程中，应该定期展开系统检测工作，若有数据传输误差、传输中断等出现，及时展开处理，以确保通讯系统的运行始终处于稳定状态，确保信息传输的高效性、及时性。同时，对能够自动化检测数据误差的系统进行应用，以便于全程对信息传输情况进行明确，及时对故障进行发现与处理。此外，日常工作中，应注重设备的管理与维护，对设备的运行情况进行明确，详细进行记录，以便于故障出现时能够及时提供相应数据，使相关故障处理人员能够及时、准确的开展维修工作，缩短对故障进行处理的时间，使数据传输的稳定性、实效性得以提升，进而促进水文遥测设备数据收集准确率的提升。

（二）强化日常巡视、检查工作

水文遥测设备应用中，相关工作人员需展开日常的巡查工作，对其运行情况进行明确，及时发现其中存在的故障隐患，并进行相应处理，使水文遥测设备故障减少、使用寿命延长。具体来说，相关水文遥测设备管理人员需对水文监测系统、遥测设备展开日常的巡查，可轮岗进行应用，确保水文遥测设备始终处于被监测的状态。同时，定期对故障排除、设备维护的工作进行开展，尤其是故障易发的设备点，需适当将巡查的次数增，以便于水文遥测设备的故障隐患、故障能够在短时间内被发现，使故障减少、故障危害性减轻，进而保证水文遥测设备的运行效率。此外，水文遥测站一般设置于条件较为艰苦的地区，对于此处的工作人员，应该对性能较高的通讯、交通工具进行配备，以便于故障检修工作能够及时开展，使设备故障在短时间被消除，从而促进水文监测工作的实效性。

（三）强化日常管理工作

为确保水文遥测设备功能顺利、高效运行，需对相应的管理制度进行建立，展开规范化管理。具体可从以下入手：首先，对当前我国水文设备管理工作中存在的不足展开分析，依据此，对一套合理的管理制度进行建立，其中应该包括人员值班、设备维护、设备检修等制度，使水文遥测设备的管理与维护能够规范进行，从而促进管理、维护有效性的提升。其次，相关部门应该将制度落实的力度加大，地方的监测点一般设置于水文站的附近，工作人员对环境的熟悉度较高，设备维护、管理工作更易于开展。因此，地方水文站应该将带头作用做好，对各项水文管理与维护的制度进行落实，确保各设备的运行处于稳定状态。最后，水文遥测设备管理与维护过程中，需详细将检查、维护的记录做好，尤其是故障、维修情况，以便于为后期故障预防、维修工作提供依据。此外，现阶段，我国水文遥测技术的应用尚处于起步阶段，其中涉及到较为复杂的专业知识，对相关人员的责任意识也有较高的要求。因此，相关部门应加大对水文遥测设备管理、使用人员的培训力度，对水文遥测设备的使用、维护知识与技术展开培训外，使其技术水平提升，并注重其责任意识方面的培训，使相关工作人员对自己工作的重要性有准确的认识，主动展开设备的检查、维护工作。

总之,现阶段对防洪抗旱、水工工程、水资源管理等工作进行开展时,需对水文进行监测,其中,水文遥测设备常被应用。受环境、人为操作等影响,水文遥测设备应用过程中常有一些故障出现,致使水文监测的准确性、及时性受到一定影响。因此,相关工作人员需不断对水文遥测设备管理、维护的重视程度进行强化,确保水文设备的使用性能,从而促进水文监测工作的顺利、高效开展。

第六节 水文仪器设备电源系统的管理

随着科学技术的不断进步和国家对水文事业的日益重视,现代化的水文仪器设备的应用越来越多,应用范围也越来越广。而电源系统作为仪器设备的一个重要组成部分,对仪器的正常运行发挥着不可替代的作用,因此也是仪器管理维护的一个重点。文章主要就电源系统在仪器运行过程的管理和维护,以及如何去分析、判断和处理电源系统发生的故障进行了总结,以利于水文仪器设备管理维护工作,从而更好地发挥新仪器、新设备的作用。

近些年来,随着对水文投入的增加,现代化的水文仪器在水文监测工作中得到了广泛使用,雨量、水位、墒情等遥测仪器设备陆续得到了应用,走航式 ADCP、全站仪、GPS 测量仪器、自动墒情监测仪等新仪器不断引进、推广和应用。在这些新仪器的应用中,都需要电源系统的支持,其电源系统涉及铅酸电池、镍氢电池、锂离子电池等,为保证仪器设备的正常使用,需要结合电池特性认真做好电池的管理维护。

一、电池特性

(一)铅酸蓄电池

电极主要由铅及其氧化物制成,电解液是硫酸溶液的一种蓄电池。充电状态下,正极主要成分为二氧化铅,负极主要成分为铅;放电状态下,正负极的主要成分均为硫酸铅。根据铅酸蓄电池结构与用途区别,可分为:启动类、动力类、固定型阀控类、其它类。铅酸电池有 6、12、24V 等系列,常用于遥测设备、走航式 ADCP、GPS 测量仪器的供电系统等,水文仪器中使用的铅酸蓄电池多为固定型阀控类,采用太阳能自动充电或市电充电。

(二)镍氢电池(Ni-MH)

镍氢电池是目前最环保的电池,注重环保的国家都大力提倡使用镍氢电池,因为易于回收再利用,且对环境的破坏也是最小。不过镍氢电池与锂电池相比,还是有一些缺点。充电时间长、重量较沉、容量也比锂电小，还有记忆效应。用户必须用尽后再充电。镍氢电池的充电次数能够达到 700 次以上，某些质量好的产品充放电可达 1 200 次，比锂电池长寿而且价格也很大众化。

（三）锂离子电池（Li-ion）

它的阳极采用能吸纳锂离子的碳极，在放电时，锂原子从石墨晶体内阳极表面电离成锂离子和电子，脱离电池阳极，到达锂离子电池阴极。充电时，阴极中的锂原子电离成锂离子和电子，并且锂离子向阳极运动与电子合成锂原子。

三、电池优缺点

铅酸蓄电池。优点：免维护蓄电池由于自身结构上安全密闭的优势，使用时不需补充蒸馏水，维护上比较简单，且无记忆效应，它还具有耐震、耐高温、使用寿命长、可回收性好的特点。缺点：比容小，即在同样的容量下，电池重量和体积都大。

镍氢电池（Ni-MH）。优点：使用寿命长，易于回收再利用，对环境的破坏最小。缺点：存在记忆效应，性能比锂电池要差。

锂离子电池（Li-ion）。优点：锂离子电池放电平台平缓，单个电池的电压高，能量密度高也就是电池比较轻。自放电小，没有记忆效应，好的电池，每月在 2% 以下，且可以恢复。工作温度范围宽为 -20～60℃。循环性能优越、可快速充放电、充电效率高达 100%，而且输出功率大，使用寿命长。不含有毒有害物质，被称为绿色电池。缺点：缺点是价格昂贵，生产工艺比较复杂，要求较高。

四、电池维护注意事项

充电时，应确保充电器的电极与电池的电极连接正确，即充电器的阳极与电池的正极相连接，充电器的阴极与电池的负极相连接。现在锂电池、镍氢电池的充电器多为专用充电装置，一般不会发生电极接反的现象。但对于铅酸电池，因充电接头多为金属夹，易发生此类风险，可根据颜色来判断极性，通常红色为正（阳）极，黑色为负（阴）极，颜色相对应就可保证正确的连接。

不同容量、不同性能的蓄电池不能混用。特别是应防止出现短路，否则易发生起火、爆炸的危险。

（一）铅酸蓄电池

没有记忆效应，但由于自放电，电池容量会缓慢减少，因此长期停用的蓄电池应定期充电维护。

避免过放电，放电到终止电压后，继续放电称为过放电，过放电会严重损害蓄电池，对蓄电池的电气性能及循环寿命极为不利。蓄电池放电后应立即再充电，若放电后的蓄电池搁置时间太长，即使再充电也不能恢复其原容量。

过充电会增加蓄电池内水分损失，加速板栅腐蚀，使活性物质软化，而且会提高蓄电池变形的概率，因此应尽量避免过充电现象的发生。选择合适的充电器，保证充电电流和电压等参数与蓄电池的良好匹配。

铅酸电池适应范围较广，但应尽可能通风散热良好，夏秋高温季节，使用时要尽可能避免高温环境。若蓄电池使用或充电时出现过热现象，要立即停止使用，关闭电源，采取降温措施，待温度正常时才能进行使用或充电。蓄电池放电深度较浅，可不充或少充，外界温度偏高时应减少充电时间，并注意观察电池温度。铅酸电池可在 0 ~ 35℃的环境下存放，存放地点应清洁、通风、干燥，避免阳光直射。

（二）镍氢电池（Ni-MH）

一般情况下，新的镍氢电池只含有少量的电量，使用前要先进行充电然后再使用。但如果电池出厂时间比较短，电量很足，推荐先使用然后再充电。新买的镍氢电池一般要经过 3-4 次的充电和使用，性能才能发挥到最佳状态。

虽然镍氢电池的记忆效应小，但仍建议尽量每次使用完后再充电，并且是一次性充满，不要断断续续的充电。周期性地将电放完然后再充满有利于保持电池的容量与质量。电池充电时，要注意充电器周围的散热，为了避免电量流失等问题发生，保持电池两端的接触点和电池盖子的内部干净，必要时使用柔软、清洁的干布轻擦。长时间不用的时候，要把电池从电池仓中取出，置于干燥的环境中推荐放入电池盒中，可以避免电池短路。镍氢电池的自放电效应较明显，约为每月 30% 或更多。电池越是充的满，其自放电速率就越快，当电池电量下降至一定程度，其自放电速率又会稍微下降。电池所处环境温度对自放电速率也有很大的影响，所以，如果长时间不用，建议充电到"半满"状态。如果电池完全放电后再保存，很长时间内不使用，电池的自放电现象就会造成电池的过放电，会损坏电池，严重时甚至会造成电池报废。因此对镍氢电池应定期放电充电，充电时建议采用慢充方式充电，以延长其使用寿命。尽量不要对镍氢电池进行过放电，过放会损坏电池，导致充电失败，其危害远远大于镍氢电池本身的记忆效应。

（三）锂离子电池（Li-ion）

放电电流不能过大，过大的电流导致电池内部发热，有可能会造成永久性的损害。绝对不能过放电,过放会使电池寿命缩短,严重时会导致电池失效。电池不用时,应将电池充满电。

电池出厂时,已充电到约 50% 的电容量,新购的电池可直接使用。电池第一次用完后充足电再用,第二次用完后再充足电,这样连续 3 次后,电池可达到最佳使用状态。

对锂离子电池充电,应使用专用的锂离子电池充电器。锂离子电池充电采用"恒流 / 恒压"方式,先恒流充电,到接近终止电压时改为恒压充电。

对电池充电时,其环境温度不能超过产品特性表中所列的温度范围。电池应在 0 ~ 45℃ 温度范围内进行充电,远离高温(高于 60℃)和低温(-20℃)环境。

锂离子电池在充电或放电过程中若发生过充、过放或过流时,会造成电池的损坏或降低使用寿命。在使用中应尽可能防止过充电及过放电。在充电过程中,充满后应及时断开充电器。放电深度浅时,循环寿命会明显提高。因此在使用时,不要等到出现电量不足的信号时才去充电,更不要在出现此信号时继续使用。充电量是充电电流与充电时间的乘积,在充电电压为定值的情况下,充电电流越大,则充电速度越快,但充电电流过大,会损害锂电池,造成电池容量不足,原理是电池的部分电极活性物质在没有进行充分的电化学反应就停止充电,这种现象会随着循环次数的增加而加剧。

第一次充电,尽可能在充足电后多充一段时间,使用时则强制用到规定的电压或直至自动关机,如此能激活电池使用容量。但在锂离子电池的平常使用中,不需要如此操作,可以随时根据需要充电,充电时既不必要一定充满电为止,也不需要先放电。像首次充放电那样的操作,只需要每隔 3 ~ 4 个月进行连续的 1 ~ 2 次即可。长期不用时,尽可能充满再放置,并定期检查电池电量,若电量过低,其过放电会损害电池,严重时造成电池报废。

对水文仪器常用的以上三种蓄电池,需要根据电池特性,掌握正确的充电和维护方法,以保证电池的可用性。在使用过程中对铅酸电池和锂离子电池可随时充电,不必等电池电量耗尽再充电,而对镍氢电池因有记忆效应宜在电量基本耗尽后再充电,中间不宜停顿。

电池较长时间不用时,因有不同程度的自放电效应,应定期对电池进行充电维护,以保证电池的性能,延长电池使用寿命。

第七节　水文文化建设与人力资源管理

水文文化建设与人力资源管理之间的关系是相辅相成、相互促进的。但二者的有效融合并不是件易事，融合涉及到方方面面，进行有效的融合需要立足于文化的核心内涵以及其与人力资源管理之间的关系。

一、关于水文文化建设与人力资源管理

（一）水文文化建设的内涵及意义

水文文化是水文人在长期的实践中创造的物质和精神成果的总和，是社会主义核心价值观在现代水文发展中的重要载体，为明确水文的发展方向、职业操守、行为规范、精神理念等内容提供强大的精神动力和思想保障，是引领广大水文职工提升工作能力的思想基础。这就决定了水文文化的核心内涵表现在行业价值理念教育、测站文化建设、安全文化建设、廉洁文化建设等方面，为水文事业明确了发展方向、职业操守、行为规范、精神理念等内容提供了强大的精神动力和思想保障。

水文文化建设是水文事业职工意识形态和思想价值观念的一种有效反映。广大人员相关工作经验的积累是水文文化核心内涵的精髓部分，因为文化形成的根源来源于这一部分。广大的水文职工是水文文化的缔造者，他们通过对相关工作经验进行积累以及理论的提升，从而为长期的工作开展指明了正确的方向，这就无形中形成了水文文化。

（二）水文行业发展方向和特点

水文是水利的尖兵，防汛抗旱耳目，水文工作通过对水位、流量、降水量、冰情、泥沙、蒸发、地下水位及水质、土壤墒情等水文要素的监测和分析，以及对洪水和旱情的监测与预报，为国民经济建设、防汛抗旱、水资源管理和利用提供科学决策。2007年6月所颁布的《中华人民共和国水文条列》进一步明确了水文事业作为国民经济和社会发展基础性公益事业的地位。水作为经济社会发展的制约因素，已越来越受社会的关注和重视，水文在防汛抗旱、水资源管理中提供信息决策就显得尤为重要。随着经济社会的发展，对水文事业的发展提出了更高更新的要求，加快水文监测能力和预警预报能力建设以适应防汛健在新要求，提供更全面、更及时准确的监测分析成果以满足"三条红线"考核、地下水压采效果评估及"河长制"的全面落实；加强水文体制机制、监测方式以应对不断增加监测任务；完善应急监控能力建设以更好、

更快的服务应对突发性的暴雨洪水，为国民经济发展保驾护航。面对新常态，水文文化建设必须要先行，把广大水文职工的思想意识统一到新的形势和任务上来，把"求实、团结、进取、奉献"的行业精神统一到水文工作落实上来，为水文事业的发展营造和谐向上的氛围。

二、水文文化建设与人力资源管理的关系

（一）水文事业发展对水文文化建设的需要

水文事业能够有效的长久发展很大程度上得益于广大职工能够积极地发挥自身的主观能动性，为水文事业创造更大的利润价值和收益。而职工自身主观能动性的发挥需要浓厚的水文文化来带动，与此同时只有全面的建立健全水文文化才能保证每一位水文职工能够全身心投入到工作中去。因此，水文事业要想进行良好的发展必须重视水文文化建设的构建。

（二）人力资源管理对文化建设的需要

人力资源管理的出发点和落脚点就是突出人本管理，如何把人力资源管理进一步系统化、层次化，形成新型的管理机制、高品位的文化氛围和协调的分配体系，全面改善人力资本投资战略方向，提升人力资源运行效率，正是现代水文文化建设赋予传统人力资源管理的目标和方向。文化是软实力，任何一个民族、一个国家、一项事业都离不开文化的发展。水润万物而生，"文化"就是"水"，事业要发展，文化要先行，有了文化事业发才有核心竞争力，才能凝聚人心合成向心力，事业才能得以绿色、全面、可持续发展。水文事业的人力资源管理更是如此，水文文化的建设为人力资源管理提供了强大的思想基础，使广大水文职工游乐更强力的认知度和归属感，自觉的带有成就感的投身于水文事业的发展中去。

三、水文文化建设对加强人力资源管理的意义

水文文化建设对人力资源管理推进作用，主要表现在以下五个方面：

第一，文化建设能为人力资源管理提供思想基础。人力资源管理要想具有先进的水平，那么水文事业深厚的文化底蕴是必不可少的，而文化建设恰是文化事业加强文化底蕴的重要途径，因此，人力资源管理水平的提升，需要有文化建设为后盾。

第二，文化建设会为人力资源管理在管理及各种行为上起到规范作用，人力资管理工程中，需要制定一定的行为规范，而这些行为规范的制定实质上是精神信念的外化表现，文化建设越合理，规章制度的执行力度就越强。

第三，文化建设有利于提高工作能力，以人为本，促进人的发展。文化建设一项主要的准则便是做到"以人为本"，这一标准使得人力资源在发展中能够充分发挥人才的作用，促进水文事业的长远发展。职工之间，职工与企业之间的关系会因为认可本企业的文化而形成强大的聚合功能，增强企业的向心力和凝聚力，使企业人力资源的结构性功能获得提高，从而产生新型的激励机制，以使人力资源能够充分发挥其整体的效能，使每个成员的价值都能得到奖励和赞赏。

第四，文化建设对管理过程的指导意义。人力资源管理是一项长期而艰巨的任务，文化建设在这项长期工作中具有十分重要的指导意义。在实际的工作中，人力资源要以水文文化为导向，来加强对人力资源的管理。

第五，水文事业人力资源管理的长久发展还需要有一个正确的发展方向，社会在变，人的思想在变，文化建设不可能是一成不变的，它如何适应新常态、新变化是需要我们在新形势下，要以社会主义核心价值观为指导，应用到水文建设中去，这样才能在核心价值观的指导下从事人力资源管理工作。因此水文事业中的文化建设在推动人力资源管理过程中显得非常重要。

综上所述，水文文化是人力资源管理的一个重要推动因素，但是反过来人力资源管理的发展也在一定程度上促进了水文文化的形成和积累，可以说水文文化的丰富程度主要取决于人力资源管理的发展情况。所以，水文文化与人力资源管理之间存在着辩证统一的关系。

第六章　水资源管理的理论研究

第一节　水资源管理研究进展

　　加强水资源管理是世界各国为提高水资源利用效率和应对水资源危机的重要举措之一，也是我国解决日益增长的水资源需求和水资源供给不足矛盾的关键。水资源管理研究的领域较广、范围较大、主题较多，主要从国内外水资源管理的模式与制度、研究模型、研究重点领域以及研究热点四方面进行归纳综述，并以黑河流域为例，说明先进的水资源管理对提高水资源利用效率和应对水资源危机的重要性，可为我国探索水资源管理模式，建立适合国情的水资源管理制度提供科学的基础。

　　水资源是人类赖以生存和发展最重要的物质资源之一，其对维护生态系统和生物多样性，保证人类生产生活正常运行，促进区域经济社会可持续发展有重要意义。当前我国水资源正面临严峻挑战，主要表现在：一是经济快速发展，工业化、城市化对水资源的污染加剧，导致水质型缺水；二是地区人口数量上升，人类生产生活和经济发展对水资源的需求增大，引起了资源性缺水；三是大量水利工程建设，对水资源生态环境的破坏，虽然大型调水工程在一定程度上缓解了输入区水资源的窘境，但也带来了输出区相应的负面效应，更易导致工程性缺水；四是未来气候变化引起极端天气现象发生的概率增加，如持续干旱、洪涝等自然灾害，容易引起土地荒漠化、水土流失等问题，对水资源产生了严重威胁。所以当前水资源需求大幅上升和水资源日益短缺两者间的矛盾，使水资源问题成为世界各国共同面临的难题。

　　当前世界各国对水资源的开发利用已趋于成熟，为了应对水资源供需失衡、水危机爆发等问题，各国将目光转移到水资源管理上，试图通过科学、高效的管理来解决当前水资源矛盾。国外对水资源管理研究较广，国内相关研究正在兴起。本节主要对国内外水资源管理模式与制度、研究模型、研究重点领域和研究前沿进行综述，探讨国内外水资源管理的相关内容，分析黑河流域水资源管理的先进经验，并为我国水资源管理提出了相应的建议。

一、水资源管理模式与制度

国家间由于历史、传统、地理位置、气候水文条件、政治制度、体制、经济社会发展水平等存在差异，各国水资源管理模式与制度差异较大。总结与概括国内外的水资源管理模式与制度，有助于更清楚地了解各模式与制度的优缺点，探索符合我国国情的水资源管理模式与制度。

（一）水资源管理模式

世界各国的水资源管理模式不尽相同，对其归纳如下：以英国、法国等欧洲国家和美国为代表的流域综合管理模式，对完整的河流、湖泊等自然流域进行统一管理和分级管理，保证流域管理的完整性，对流域水资源进行综合开发、利用与保护；以新加坡为代表的统一管理模式，整合国内全部水资源管理行政部门，对水资源进行统一管理，适合面积较小的国家，能更有效地制定水资源管理政策，保证水资源管理政策的有效实施；以日本为代表的分部门行政和集中协调水资源管理模式，中央政府制定全国性的水资源政策，分部门管理实施，并建立协调机构促进各部门合作，监督各部门水资源的管理运营；以中国、美国为代表的行政区域水资源管理模式，中央政府制定水资源管理的纲领性政策和方针，由各省、州、市、县等分级实施，层次分明，在中央水资源管理政策的引领下，也能发挥各省、州、市、县等的积极性和创造性。但随着分级层次的增加，水资源管理政策的实施难度也相应增大。

对水资源管理模式的发展、管理方法和管理手段进行分析，以了解更合理、高效的水资源管理模式。水资源供给管理模式与需求管理模式：水资源供给管理模式适合水资源充足的地区，通过"开源"来满足城市生产生活的用水需求。水利工程建设只是暂时满足了水资源供应，同时也带来了水污染、人们节水意识淡薄、植被破坏、土地荒漠化等问题。需求管理模式，则认为水资源是稀缺资源，既要保证供给，也要实现"节流"，提倡节约用水，提高水资源的利用效率。减少需求也就减轻了水资源的供给压力。因此，需求管理模式是一种集约式管理，既适合缺水地区，也适合水资源丰富的地区。水资源行政区域和流域管理模式：行政区域管理模式是在相应的行政区域范围内，在经济、社会等总体发展规划下，对水资源进行开发利用。但以行政区域为单位进行水资源管理，必然会对流域、城乡区域、部门产生分割，各水资源管理部门权力交叉、职能重叠，导致水资源管理效率低下。流域管理模式，以完整的流域为管理单元，从发源地到入海口实行全流域统一规划、保护和管理，如我国长江、黄河等流域水资源保护局。水资源资源化管理和资产化管理模式：资源化管理模式，是我国计划经济时期,政府实行计划调配,只注重水资源的使用价值,而忽略水资源的资产和劳动价值,水资源的所有权、使用权、收益权等界定模糊,不利于水资源的高效利用。资产化管理模式,将水资源作为一种资产,参与市场经济,水资源由"公共产品"转变为"经济资产",从而优化配置且高效利用了水资源。

我国水资源丰富,但时空分布不均,工业化和城市化的快速发展,使水资源需求巨大、污染严重,因此,需将供给性管理和需求性管理模式相结合,使开源与节流共同发展。我国河流众多,流域面积广、水系长、支流复杂,以流域管理模式为主可对全流域水资源进行统一协调管理。针对水资源短缺及浪费问题,需采用资产化管理模式,如提高水价、增强节水意识、处理水污染、出台相应的法律法规等。

(二)水资源管理制度

水资源管理主要分为供给管理、技术性节水、结构性节水和社会化管理 4 个阶段。初期,水资源开发利用主要以修建水利工程,增加水源供给为主。随着水资源需求的上升,供需矛盾日益突出,科技的快速发展,使得水资源管理转向技术性节水那提高水的利用效率成为可能。随着经济的快速发展和人口的不断增长,对水资源的需求剧增,技术性节水也无法解决水资源的供需缺口,此时,结构性节水得以发展,通过调整用水结构,以协调城市生产、生活和工农业用水比例。然而,经济发展和人口增长带来的严重水污染和巨大用水需求,依靠水资源内部管理已无法解决其短缺问题,于是便转向水资源外部的人类社会,进入社会化管理阶段,强调公众参与,通过调节水价等经济手段控制用水。

由于我国各时期水资源面临的主要矛盾不同,水资源管理制度呈相应的时代特征,1949—1977 年,水资源管理分散,制度缺失,以工程管理为主,主要满足城市生产生活的需求,水利工程建设兴起,中央政府明确水资源公有制,国家负责调配,并制定了水价政策,但由于政治原因,落实难度较大。1978—1987 年,随着用水需求的增加,部分地区出现缺水状况,以行政命令为主的水资源管理制度萌芽。如黄河水量分配方案,便是实行水使用权定量分配制度的标志,水资源较少的山西省,最早开始水资源管理制度探索。随着全国水资源综合管理部门的成立,水价政策逐渐恢复,开始征收城市水费,进行排污收费试点。1988—2001 年,随着《中华人民共和国水法》及相关法律的颁布,我国进入了有法可依和取水许可管理阶段,由工程水利向资源水利转变,积极探索我国水权与水市场的水资源管理制度并进行水权交易的试点。2002 年,新水法颁布,确立了水资源论证制度。2011 年,中央提出了按"三条红线"(用水总量控制、定额管理、环境容量控制)实施最严格的水资源管理制度,即要建立用水总量控制制度、用水效率控制制度、水功能区限制纳污制度和水资源管理责任和考核制度。水价政策上，明确水资源使用权交易；水资源管理体制上，实现流域与行政区统一管理。我国水资源管理制度处于不断发展和完善的过程，从工程管理、非正式管理、分散管理到资源管理、正式管理、综合管理，基本建立了行政区域与流域管理相结合的水资源综合管理制度，确立了以水量分配、取水许可、水资源论证为主的水权管理制度，和以全成本核算为原则的水价管理制度。

综上，国内外对水资源管理模式与制度的探索都取得了一定的成果，各国均建立了适合本国国情的水资源管理模式与制度。受社会经济发展水平和认知水平、自然灾害等因素的限制，水资源管理模式与制度的研究具有时代性和阶段性。未来，对水资源管理模式与制度的研究，应更趋向于将理论与实践相结合，探索新理论，应用实践来检验。

二、水资源管理研究模型

人类对水资源的开发利用十分广泛，其对水资源的影响逐渐加深，水的利用与水文系统以复杂而有规律的方式相互作用，多方面反馈水资源的变化。所以，在处理人类活动对所有相关尺度水资源的影响时，在水文模型中实现这种耦合必不可少。国外对水资源模型的研究较多，国内也有相关的研究和应用。各模型各有优缺点，均能为水资源管理提供一定的决策支持。本节选取水资源管理模型评价、模拟、综合3个主要类型进行说明。

（一）水资源管理评价模型

当前水资源管理的制度和政策是否有效？水资源管理的方法和措施是否合理？要回答这些问题，需对区域水资源管理的相关内容进行评价，以检验水资源管理政策的合理性和科学性。BELLIN等介绍了耦合自然和人类系统的分布式连续模型，该模型允许在同一框架内对自然的改变和水资源可用性的限制，并应用于实践。SAFAVI等提出了一种规划模型，对伊朗Zayandehrud河流域的水资源管理进行评价。该模型是一种具有人工神经网络和模糊推理系统的专家知识和数据模型，将模糊推理系统模型的输出与历史场景结果进行比较。潘护林、任珩、杨阳、吴丹等通过构建水资源管理评价指标体系，采用不同的模型，分别对区域水资源管理的绩效、政策、管理水平等进行科学评价，为制定区域水资源管理政策提供了一定的参考。水资源管理评价模型中的指标对评价内容和结果尤为重要，应基于研究区的实际情况选取。

（二）水资源管理模拟模型

水资源管理模拟模型主要是模拟未来不确定情景下的水资源系统，是对未来社会建设方向、未来人口、社会发展及水资源管理模式的预测，并为其提供科学、有效的对策建议。基于系统动力学模型的应用，构建水资源管理模型，模拟未来水资源管理的有效模式。孙栋元等基于 MIKE BASIN 模型，根据研究区降水、蒸发和用水等资料，建立了流域水资源管理模型，模拟了流域径流量、水库和灌区需用水量的变化特征。姚雪等选取供水量、需水量和缺水量 3 个变量，运用 Logistc 回归模型预测得到水资源供需风险率及其对区域的影响程度。SWAT 模型是研究较早，技术较成熟的水文模型，主要用于模拟预测各种管理措施及气候变化对水资源供给的影响，评价流域非点源污染流域水文循环的模拟预测。目前，研究者广泛采用 SWAT 模型对流域水资源、气候变化和土地利用变化的水资源进行研究。

（三）水资源管理综合模型

水资源管理综合模型，对涉及水资源管理的不同领域、不同方向等进行了综合考虑，较为系统全面地评价、讨论和探索水资源管理的优缺点，并寻求解决方法。综合建模是研究不同学科领域知识和模型的一种新方法。集团模型是构建用于让利益相关者参与开发描述环境和社会经济系统的模型，以创建和测试政策的备选方案。LETCHER 等介绍了一种用于高原集水区的集成建模工具箱。此工具箱包含了作物生长、侵蚀和降雨径流的模型，以及家庭决策和社会经济影响模型。YUE 等利用具有最优分配算法的大型水文模型的动态耦合方法，开发了水资源连接管理模型，应用耦合模型计算了河套灌区 2020 年和 2030 年的地表水和地下水的最佳供水量，并提出了水资源可持续利用方案。

综上，水资源管理模型主要分为水资源评价、模拟和综合模型，在分析水文系统与人类活动耦合关系的基础上，更须结合研究区实际情况来构建不同的水资源管理模型。当前对水资源管理模型的研究欠深入和完善，选取的模型构建指标有限，技术水平有待提高。在构建水文模型时，若能综合考虑水资源系统内部变化、人类活动外部干扰和自然环境变化等因素，其研究结果将更具有科学性和应用性。

三、水资源管理研究重点领域

当今世界，对水资源的需求越来越大，各国对水资源管理也愈发重视。世界各国对水资源管理的研究方法不断创新，研究领域不断扩大，了解国内外水资源管理研究的重点领域，以为丰富我国水资源管理的模式与制度、提升水资源管理技术提供理论基础。

（一）水资源集成管理

全球水伙伴（global water partnership，GWP）提出集成水资源管理（IWRM），水资源管理模式从传统的以水为中心的命令控制型管理转向公众参与协调的新水资源管理模式，使水资源管理从传统的自上而下命令控制型转向注重参与的自下而上协作型。CHIDAMMODZI 等认为集成水资源管理是有效并可持续解决水问题的一种方法，从各方面评估了研究区的水资源综合管理，以促进湖泊的管理和可持续利用。YODER 等认为，集成水资源管理需要全面考虑水系统、用水和利益相关者的关系。除此之外，水资源集成管理更需要加强与民众的联系，提高集成水资源管理的内涵，协调相关利益的关系。

（二）水资源水权制度管理

水资源管理要明确水权的定义，清晰划分水资源的所有权、使用权、占有权、处置权、收益权等，有助于促进水资源水权制度的有效运行，提高水资源管理的效率。建立最严格水资源管理体系的现代水权制度（WRS），是当前解决我国水资源问题的一项重要改革举措。水权分配和水权交易是水权的 2 个核心组成部分，目前仍存在一些亟待解决的问题。所以，研究最严格水资源管理制度（SWRM）的核心是"三条红线"，分析现代水权制度与最严格水资源管理制度之间的关系，在"三条红线"的指导下，使现代水权制度更符合最严格水资源管理制度。在我国水资源管理的探索和实践中，现代水权制度是一种能有效解决我国当前水资源问题的水资源管理制度，现代水权制度建设取得了巨大成功，大大促进了我国社会和经济的可持续发展。

（二）水资源管理方法与技术

在当前对水资源需求越来越大的背景下，出现了新的水资源管理技术和方法，新方法提高了水资源管理的效率，保证了水资源管理的科学性和实用性。国外对水资源管理方法的研究较为成熟，多用定量模型来探索高效的水资源管理方法，国内发展也很迅速。FAYE 等基于模糊逻辑的最小化准则加权参数滑动视界方法，采用线性规划和动态规划方法来解决长期水资源管理的供需问题。MYSIAK 等研究了水资源管理决策支持系统（MDSS），分别介绍了韩国大邱市和欧洲研究项目的决策支持系统，促进了城市不同区域水资源的高效配置。KOCH 等比较了 2 种用于水资源管理模拟的建模系统：WRAP 和 WBalMo。在水资源管理中，模型的使用不可避免，因为综合水资源管理需要对大区域进行调查，并将水循环和水利用过程的不同功能纳入其中。WANG 等认为，水管理系统中固有的不确定性及其潜在的相互作用，对水资源管理人员在复杂和不确定环境中确定最佳水分配方案提出了重大挑战；提出将最优化技术和统计实验设计纳入总体框架，以系统的方式解决不确定性和风险及其相互关系问题。应用于水资源管理的有群体决策模型、两级线性分水管理模型、非精确多阶段模糊随机规划模型等，方法不断创新，新方法均需软件实现，促使水资源管理的相关技术和软件也快速更新。如：在气候变化的干旱时期，可将 SimBaT 软件作为水资源分配和管理的决策支持系统；在 ArcGIS 软件帮助下，可进行综合水资源管理的定性规划和决策，评估集水区水资源的污染风险，确定高强度的热点地区；综合性水资源数学模型 MIKE BASIN 软件在水资源管理中应用广泛；地理研究中常用的 Google Earth、ArcView、ArcGIS、MapWindow、MAPGIS、遥感（ENVI）、GPS 软件也被国内外学者广泛使用；其他如 Visual Basic、SAS 软件和 Linux 系统共享软件用于水资源管理的交互。

（四）水资源管理区域合作

由于水资源管理涉及区域广、部门多，水资源管理区域合作逐渐兴起，通过区域、部门的联合协作，加强彼此之间经济、社会、文化的联系。HOWARD 等研究了中亚水资源管理不善的历史，考虑中亚气候变化和自然人口增长对该地区水资源的预期影响，水资源管理区域合作是更好的选择。新"丝绸之路经济带"给沿线各国带来了巨大机遇，这些项目能确保该地区水资源的合理管理和可持续发展，通过科学规划和协作，加强水资源管理区域合作深度。ZHAO 等研究了我国大型引水工程—南水北调工程，对其管理法规、控制措施和共同问题进行了研究。南水北调对我国意义重大，而实施南水北调工程不仅需要工程措施，更需要通过区域之间的协调合作来保障水资源的高效利用。通过水资源管理的区域合作，可以大幅度提高其利用效率。

综上可知，水资源管理研究领域宽广，本节从四方面分析和总结了前人的研究。水资源重点领域研究多倾向于民众参与，充分考虑民众利益，但在实践中让民众真正参与还存在一定难度，需进一步探索；此外，技术和方法也有待创新。

四、水资源管理研究热点

全球气候变化复杂，未来采取怎样的水资源管理方法才能适应日益严峻的水资源需求形势值得深思，为此，国内外专家对水资源管理的适应性、安全性、可持续性和生态系统管理进行了探索。

（一）水资源适应性管理

水资源适应性管理，是指在全球气候复杂变化的背景下，通过调整水资源管理的措施、手段和方法，来应对气候变化引起的水资源短缺、洪水灾害等问题。世界上许多国家开始重视气候变化条件下的水资源管理研究，以美国、英国为代表的西方国家在水资源规划设计上更多考虑了未来的气候变化，增强了水资源管理系统的灵活性。国内应对气候变化水资源管理的研究也取得了较大进展，刘昌明、张威等、夏军等提出了在未来气候变化情景下水资源适应性管理的相应对策，并对水资源的脆弱性和敏感性进行了评估。

水资源适应性管理，分析未来气候变化对水资源的影响程度、极端天气（如持续干旱和洪水）的发生、水循环的变化等。气候变化下水资源管理模型的研究正在兴起，如气候变化下水文要素的演变规律、水资源的响应、未来水资源演变动态模拟等模型。MOMBLANCH 等提出采用水会计方法提高水资源管理的透明度和效率。TZABIRAS 等估计了当前和未来气候条件下月降雨量和温度的时间序列，利用模型系统模拟了当前和未来气候时期的地表水和地下水。在模型研究方面，我国尚处于起步阶段，对水资源适应性管理对策研究较多，主要有层次分析法、多目标决策等。

水资源适应性管理要有重点、有层次地调整方向和方法，把握气候变化条件下水资源管理的重点领域。加强水资源的综合管理，夏军等提出了推动流域水资源管理综合体系的构建，有助于应对未来气候和经济社会的变化。在水资源适应性管理中，建立科学、合理的管理机制有助于协调社会各方的利益，保证水资源适应性管理的有效实施。应对气候变化，促进水资源的适应性管理，也可从生态保护角度出发，采取相应的气候变化减缓措施，如植树造林、绿化荒山、减少温室气体排放等。提高人民群众参与水资源管理的积极性，加快水资源适应性管理政策的推行。

（二）水资源安全性管理

水资源的安全性问题是各国社会、经济正常运行的重要环节，然而由于人口大幅增加和经济快速发展，水资源需求越来越大，加上气候的异常变化，更加剧了水资源管理的压力，所以国内外对水资源安全性的研究逐渐增多。水资源安全性研究主要是基于系统动力学（SD），建立水资源模拟 SD 模型，允许评估水资源管理系统范围的长期影响，将结果传达给决策者，对地区未来水资源的安全性进行评估，提出了保障水资源安全的有效策略。YANG 等提出了一种模拟水资源管理的综合模型，将该模型划分为 7 个主要模块：人口、经济、土地变化、用水需求、供水、废水和水质，模块间基于系统动力学动态运行，并在中国崂山地区成功模拟了水的使用。结果表明，综合治理对提高用水效率和优化水资源利用组合是最有效的解决方案，开发的集成模型有助于决策者模拟和分析水资源管理人员的场景。党丽娟等基于城市人口适度发展规模模型，预测了榆林市 2020 年人口规模及承载状态，给榆林市未来水资源管理提供了一定的理论指导。水资源安全对国家、社会、经济等影响深远，水资源安全性评价和预测，是对区域水资源安全管理的警示，亦是对区域水资源安全管理的理论指引。

（三）水资源可持续性管理

受人类活动的强烈干扰，水资源系统的自我净化能力和水循环速率正在下降，更需要以高效、可持续的方式管理水资源，减少人类活动对水资源系统的影响，促进水资源的可持续利用。ZHOU 等提出了适合复杂水资源系统的综合优化配置模型（IOAM），为管理水资源复杂系统的自动分配、动态分配和多目标优化提供了理论框架。该模型综合权衡了社会、经济、生态环境等可持续发展的需求与供给，可最大限度提高水资源管理的综合效益。LI 等通过设置不同的社会发展和城市化场景，分析了滨海新区未来的水环境，采用水资源评价与规划建模系统对滨海新区水资源管理策略的可持续性进行了评估。水资源的可持续利用对当前水资源利用技术提出了新的要求，迫切需要广泛推广水污染处理和净化技术；对当前水资源利用配置方式提出了新的举措，要科学地优化水资源配置；对当前水资源利用上存在的问题提出了符合客观实际的改进措施。

（四）水资源生态系统管理

自工业革命以来，以环境退化为代价实现了经济和社会的高速发展，但也损害了经济、社会、自然环境的平衡发展和综合效益。生态环境的恶化是各国非常重视和关注的问题，特别是新兴工业化国家，在经济发展中往往忽略对环境的保护，导致后期需要花大量的人力、物力、财力来修复生态环境。水资源易受外界影响，其生态系统也更加脆弱，所以，必须加强对水资源生态系统的管理，从水资源自身出发，在城市规划和城市可持续发展的背景下，采取保护水资源生态系统的预防措施。CHEN 等提出了以服务为基础的创新生态系统可持续发展评估方法，集中应用于 1950—2014 年日本比瓦地区的重要城市群。GRIZZETTI 等认为，生态系统服务提供了一种有价值的连接人类和自然、保护和恢复自然生态系统的方法。水资源生态系统管理提倡采用可持续性指标，将服务能力和流动信息相结合，实现对水资源生态系统的经济评价和空间尺度分析，采用全流域和整体视角管理水资源，保持生态系统的整体性和综合性。

综上,把握水资源管理研究热点,紧随世界研究前沿,能有效应对未来不确定条件下的水资源问题,保障水资源管理的正常运行。目前,水资源管理的相关研究尚处于理论探索阶段,有待进一步通过实践来检验,这是对未来水资源变化所做的有益探索,今后在水资源管理研究上需要更多的投入。

五、水资源管理先进案例分析

人类社会对水资源的需求巨幅上升,而在水资源总量有限且水污染日益严重的情况下,我国水资源管理正面临着巨大的压力。从水源上寻找解决水资源危机难度较大,而在水资源利用技术和方法上有巨大的上升空间,所以国内外掀起了针对水资源管理的研究热潮。我国学者也正努力探索一条适合我国国情的水资源管理道路,提出了一些新的理论、方法与技术,来改善我国水资源管理制度和模式,提高水资源的利用效率,尝试破解当前及未来不确定因素下的水危机问题,保障我国水资源安全。目前,针对流域水资源管理,出现了一些新的理论和方法。文献以西北地区的黑河流域为例,分析了先进的水资源管理方法对提高水资源利用效率和应对水资源危机的重要作用。

黑河流域是我国西北地区第二大内陆河流域,是河西走廊绿洲的支柱、北部沙漠的命脉,是西北地区灌溉农业开发最早的流域之一,具有良好的代表性,受到了政府和学者的广泛关注。在内陆干旱地区,黑河水资源补充方式较少,水资源总量有限,随着人口的大幅增长、城市经济的快速发展,水资源需求不断增大,资源型缺水时常发生。而城市化、工业化、农业灌溉排放等导致的水污染,加剧了区域水质型缺水。黑河中游集中了全流域 90% 以上的耕地和人口,是甘肃省最重要的商品粮和瓜果蔬菜基地,对水资源的需求占全流域的 60% 以上,流域水资源供需矛盾十分突出。此外,各级各部门水资源管理权限相互重叠,"多龙治水"现象导致黑河流域水资源治理效率低下。各种原因交叉导致黑河流域水生态环境急剧恶化,显著影响了区域社会经济的可持续发展,20 世纪 90 年代末,政府开始采取了相关措施遏制黑河流域水资源的恶化,我国专家学者也对黑河流域水资源管理展开了多方面的研究,黑河流域已成为中亚内陆干旱区形成演变和西北水土资源开发利用具有代表性的流域。

1997 年,国务院审批通过了《黑河干流水量分配方案》(简称"九七分水方案"),尝试解决黑河流域水资源分配不合理的问题。1999 年,黑河流域管理局成立,组织编报流域水资源开发利用规划并实施,负责组织流域内重要水利工程的建设、运行调度和管理,同时协调处理流域内各省(区)之间的水事纠纷,从此有了统一管理黑河流域水资源的部门。考虑到区域水权管理与流域水权管理相互重叠导致水资源管理效率低下的现实，黑河流域"多龙治水"现状开始逐渐转向"一龙治水"为主，即以黑河流域管理局为主，其他相关部门为辅。2000年7月，经国务院批准，黑河流域跨省区分水方案开始实施，从全流域角度出发合理调度和分配水资源。从过去的"以供定需"逐渐转向"以需定供"，既把水资源高效分配到迫切需求的行业，也大幅提高了水资源的利用效率。从2001年开始，黑河流域的甘肃省张掖市实施水权制度建设，开始实行水权转换交易，在现有取水许可的基础上初具水权管理的基本特征，通过发挥水市场的宏观调节作用，促进水资源的公平合理配置和高效可持续利用。2012年1月，国务院颁布了《关于实行最严格水资源管理制度的意见》，黑河流域管理局积极贯彻执行最严格水资源管理制度，确立水资源开发利用控制红线、用水效率控制红线、水功能区限制纳污红线。2012年11月，党的十八大提出了"大力推进生态文明建设"的战略决策，黑河全流域进行生态环境的恢复和治理，建立生态补偿机制，对各种破坏生态环境的行为实行生态补偿。2017年，国务院颁布了《关于全面推行河长制的意见》，而后，甘肃省、市、县、乡4 000多名河长走马上任，陆续认河、巡河、治河、护河，标志着甘肃各水系都由河长管护，省、市、县、乡四级河长体系的建立，一定程度降低了黑河流域水资源污染，提高了水资源的利用效率。

从黑河流域水资源管理的方法和技术上看，协调了水 - 生态 - 经济之间的关系，上游，植被破坏导致水土流失，生态环境不稳定；中游，对水资源利用量大，水污染现象也较严重；下游，由于中游截取量较大导致水资源量较少，生态环境恶化。针对黑河流域现状，立足于黑河流域实际，上游地区，实行退耕还林还草，建立自然保护区；中游地区，发展节水农业、工业，提高水资源利用效率，控制和净化工业废水等污染物及其排放；下游地区，种植耐旱性植物，保护现存的胡杨林等植被，促进生态环境保持稳定。在水利工程方面，推进黄藏寺水利枢纽项目的建设，该项目可合理调配中下游生态和经济社会用水，提高黑河水资源的综合管理能力。除此之外，还建立了基于模拟模型和水资源信息系统的黑河流域水资源管理模式，搜集和监测流域水文、植被、气候等数据，建立流域水资源信息系统，基于监测信息预测未来气候变化条件下黑河流域水资源的演变规律，为黑河流域水资源管理提供一定的理论和实践指导。

在"生态文明建设"、最严格的水资源管理制度等指导下，综合管理黑河流域水资源，创新水资源管理模式，提高水资源的利用效率，逐步探索适合黑河流域的发展道路，促进流域生态环境与社会经济的可持续发展。

六、水资源管理研究展望

水资源管理是人类对水资源进行的干预，以满足人类经济社会发展和生产生活所需。然而，受各种因素的影响，水资源的自我循环和自我净化能力正在减弱，水资源的数量与质量与日益增长的水资源需求形成强烈的对比，对水资源进行生态、高效管理显得尤为重要。本节对水资源管理的模式与制度、水资源管理的模型、水资源管理的研究热点、水资源管理的研究前沿进行了综述和分析，解读国内外水资源管理的相关内容，并以黑河流域为例，说明先进的水资源管理对提高水资源利用效率和应对水资源危机的重要意义，并对我国当前和未来的水资源管理提出了相应的建议和展望。

（一）完善水资源管理的模式与制度

水资源管理模式与制度的好坏对于国家或地区能否有效管理水资源有重大意义，学习和借鉴国内外先进的水资源管理模式和制度，结合国家或区域的实际情况，探索科学、高效的水资源管理模式与制度。联合供给管理模式与需求管理模式、行政区域管理和流域管理模式，对水资源进行资产化管理，提高水资源管理的效率，促进水资源管理制度走向资源管理、正式管理、综合管理，逐渐完善水资源管理的模式与制度。

（二）科学运用水资源管理模型

水资源管理模型为改善水资源系统调度和分配、水环境战略保护提供了决策支持，可以预测不同水文情景下的水资源缺乏问题。研究国外先进的水资源管理模型，了解水资源管理模型的内涵，并积极应用到国内水资源管理中，为我国当前和未来水资源管理提供了一定的对策和建议。科学应用水资源管理模型来评价我国水资源管理的现状、模拟未来水资源管理的变化、提出有建设性的策略，这些均需要研究、探讨和创新水资源管理模型。

（三）掌握水资源管理的重点领域

水资源管理的研究热点主要分布在水资源集成管理、水资源水权制度管理、水资源管理新的方法和技术、水资源区域合作管理等方面，将水资源管理的重点从政府全权负责转到公众参与再到管理，发挥公众广泛参与的作用；加强水资源水权制度的管理，合理分配水资源权利；学习和运用新兴的水资源管理技术和方法；区域间的水资源合作是调节水资源分布不均、水资源分配不合理的有效方法。把握水资源管理的研究重点，发挥广大民众的智慧，促进我国水资源管理向更好的方向发展。

（四）把握水资源管理的研究热点

在未来气候变化趋向复杂、经济快速发展、工业化城市化加剧水污染以及世界人口增长对水资源需求增加等背景下，当前水资源管理研究的热点主要集中在水资源适应性管理、未来水资源的安全性、水资源的可持续性、水资源的生态系统管理等方面。面对未来水资源管理严峻的形势，紧跟水资源管理的研究前沿，确保我国水资源的安全性和可持续性，增强水资源管理的灵活性，积极创新水资源管理技术和方法，旨在走出一条科学、高效、适应性强的水资源管理之路。

第二节　生态水资源管理模式研究

水资源属于十分重要的一种自然资源，同时也是重要的社会资源，在人们生活中占据不可替代的地位，是人类生活的基本保障，因而加强水资源管理十分必要，有利于水资源的更好利用。在当前水资源管理方面，生态水资源管理模式属于比较重要的一种模式，可使水资源管理更好满足社会发展趋势及需求，确保水资源管理得到更加理想的效果。

随着当前社会环境问题越来越重要，水资源保护及有效利用已成为必须要求，而在水资源保护及利用方面，水资源管理属于重要内容，也是有效方法，因而需要有效落实水资源管理。在目前水资源管理工作，生态水资源管理模式的应用，不但能够使水资源利用率有效提升，并且能够更好满足生态环境保护需求，已经成为水资源管理工作中的必要措施。因此，相关管理人员应当充足掌握生态水资源管理模式，并加以合理应用。

一、基于循环经济理念的生态水资源管理模式

（一）以减量化原则为基础的水资源管理

当前，水资源短缺问题十分普遍，而这一问题的发生主要就是由于水资源数量比较有限，在这一问题的解决方面，比较有效的一种方式就是使人们对于水资源需求能够有所减少，也就是转变传统水资源供给管理模式，在水资源管理中选择需求管理模式，在人们用水方面对其行为进行科学合理调节。首先，对于实际生产中使用的水资源，主要就是合理改变农业灌溉模式，积极发展节水灌溉模式，同时，对于区域产业结构，需要适当实行调整，进而使得农业生产中所需要水资源得以适当减少；第二，在生活用水方面，主要方法就是增强人们节水意识，从而使水资源输入得以减少。

（二）以再使用原则为基础的水资源开发利用

所谓再使用原则指的就是将水资源利用率尽可能提升，在水资源利用方面有效延长其周期，在此基础上可使有效减少人们在新鲜水资源方面的需求。企业在实际生产过程中，需要通过有效方式积极提升水资源循环利用的效率，依据企业发展的实际需求，在水资源利用方面构建相关生态链，对于区域内相关资源，积极实现综合利用，在结合相关技术及措施的前提下，使水资源的合理利用得以实现。

（三）以再生化原则为基础的水资源利用

在流域内水资源社会循环中，通过对相关技术进行合理利用，使水资源资源化及再生化得以实现，在此基础上有效实现水资源再生利用。对于水资源再生利用，另外比较有效的一种方式就是在水资源消费方面，合理安排其顺序，也可在水资源消费过程中促使重复利用实现，通过这些方式有效提升水资源利用率，促使水资源的再生化利用得以实现，而在实际利用方面，其效率决定因素主要为水资源再生数量。因此，水资源再生利用不断能够使为社会上水资源危机得到一定程度缓解，还能够产生一定经济效益、生态效益及社会效益，因而在当前水资源短缺问题解决方面，可再生利用属于最有效的途径及方法。

二、基于虚拟水战略背景的生态水资源管理模式

（一）转变水资源开发利用理念

在水资源开发利用方面，开发利用理念对其方向具有决定性作用，在当前社会环境不断发生变化的情况下，应当转变传统理念，形成现代化水资源开发利用理念，从而在根本上使水资源管理水平及利用率得以提升，在此基础上建设节约型水资源环境。在水资源的开发利用方面，为能够真正转变其理念，作为政府部门，需要强化宣传引导，可实行相关知识培训，使社会上各个方面对于水资源管理新理念充分认识及了解，通过实行制度建设对企业及民众行为进行规范，促使其对节水理念自觉接受，从而使水资源开发利用理念真正实现转变。

（二）进一步提升水资源利用率

在当前市场经济快速发展背景下，任何活动开展均要求以经济效益提升为出发点，对于成本核算比较注重，在水资源管理方面同样如此，因而水资源高效利用的实现也就成为重要任务。具体而言，应当利用科学技术，在进行农业生产灌溉方面，需积极提升其利用率，在城市水资源利用中有效减少其消耗及污染。同时，对于传统水

资源管理应当积极改变,积极实现供给结合的现代化水资源管理,还应当对管理制度实行创新,对有效手段实行利用,以便有效引导消费者,从而使其能够对水资源进行合理消费,避免不可持续消费方式,在此基础上使水资源利用率得以真正提升,实现水资源更好的管理。

(三)加强水资源环境保护

对于水资源保护而言,其整体目标为对水资源积极开发利用,全面实现节约用水,以便在一定程度上缓解缺水情况,保证水资源在实际开发利用中可获取最大效益。另外,在有效维护水资源功能,并且改善生态环境前提下,需要充分合理利用水资源,在此基础上实现经济及资源保护的协同发展。因此,在生态水资源管理中加强水资源环境保护也是十分重要的一项内容。具体而言,在水资源开发利用方面制定科学规划,对相关法律法规体系建设进一步健全,通过法律手段对水资源环境较好保护,通过使行政及经济相结合方式对人们进行合理引导,促使其对水资源环境较好保护。

在当前社会经济快速发展的大形势下,水资源环境问题已经成为重要的社会问题,加强水资源管理十分必要。在当前水资源管理过程中,相关部门及工作人员,应当从各个方面入手,积极实现生态水资源管理,从而使水资源管理取得更加理想的效果,实现水资源的更好保护及利用,进而解决水资源环境问题。

第三节　基于水资源管理资源配置

水资源管理中的水资源合理配置对于社会经济的可持续发展具有重要作用,其关系着水资源生态环境工作的有效性。但是由于我国水资源分配不平衡,部分地区水资源短缺现象比较严重,因此需要加强水资源的合理配置,制定相关管理制度,科学制定水资源配置计划,并监督实施。基于此,本节概述了水资源配置,对水资源管理资源配置存在的主要问题及其措施进行了探讨分析。

水是构成生命体的基本单位,是生命发生、发育和繁衍的基本条件,其对于人类发展具有重要意义。我国水土资源分布情况是南方水多地少,北方水少地多。据相关资料分析,南方单位耕地面积所占的河川年径流量为45000m3/hm2,为全国平均水平的117倍;北方单位耕地面积所占的水资源量为45103m3/hm2,为全国平均水平的17%;南北差异达10倍。其中最高的浙闽片为全国平均水平的2143倍,最低的海河流域单位耕地面积所占的水资源量只有全国平均水平的11%,两者差距达22

倍之多。为了合理配置水资源,以下就水资源管理资源配置进行了探讨分析。

一、水资源配置的概述

水资源配置要求以可持续发展为前提,协调人与社会、人与自然的关系,在社会、生产和生活中对水资源在时间上和空间上进行合理调配,促进社会经济与社会环境的协调发展。并且水资源配置涉及的范围非常广泛,它主要是面对水资源严重缺乏和水资源需求而做出。水资源合理配置主要目标是在保证水资源得到科学合理开发及利用的基本前提下,促使各方长远经济效益的实现,在此过程当中需保证好社会经济发展、生态环境、各方经济利益间的协调关系,遵循水资源合理配置的基本准则:有效性、公平性、可持续性。同时需要根据实际情况,寻找最佳的水资源开发利用方法,对污染较为严重的水资源进行不同程度的净化,对水资源进行保护。

二、水资源管理资源配置存在的主要问题分析

水资源管理资源配置存在的问题主要有:水资源配置未有效运用大系统理论。长期以来,水资源规划工作人员仅仅是重视对水资源系统的研发及运用,并未通过利用科学合理的社会经济探究的方式,对水资源配置规划是否达到当前社会经济发展的现实需求、当前经济发展水准与水资源开发力度是否吻合等问题处于忽视的状态,这些问题的存在必然会造成水资源不足,从而对产业经济的进步与发展带来巨大的阻碍。这一现状的存在就是由于在水资源配置当中未将大系统理论有效的运用于其中,造成水资源系统与社会经济发展系统相分离,严重的使得水资源合理配置研究方向偏离正确的轨道。水资源配置未有效的运用水资源动态规划基本准则。通常将水资源供给进行科学的生产布局,将资源背景进行产业结构的布置来进行水资源的科学合理配置,水资源研发及运用与当地的社会经济发展情况存在紧密的联系,水资源可供水量是以当地的经济发展为基础,为此在进行水资源合理配置过程中,需对可供水量进行科学的系统性浅析,要注重地区社会经济发展的动态协调作用,以区域经济发展规模确定供水量,这样才能促使当地经济社会的可持续稳定发展。

三、水资源管理资源配置的有效策略

统一管理水资源。统一管理水资源,得到了全世界各国的赞成,这样有助于各国一起行动,互相监督,互相借鉴,提高全球水资源的关注度和利用度。为此联合国提出了对水资源进行统一管理的主要内容:加强对发展中国家水资源政策的制定,完

善法律法规；将科技应用于水资源监测系统中；国家对水资源配置的整体认知以及计划方案；监督水资源的开发和利用；提高社会参与度，明确每种群体的社会责任，提高水资源利用的意识；国家作为总监督，负责总体制度的规划，监督和实施。水资源管理的重点在于水的管理，政府应该起主导作用。水资源的存在价值必须深入人心，人们必须注重水资源在社会生活生产中的有效利用。

分权管理水资源。在统一管理水资源统一的基础上，实施水资源分权管理。国家将权力下放到各级政府，是发挥各级政府的重要作用。水资源是区域分布于不同的地区，各级政府就进管理方便省时，更加有效，具有针对性，能够更好地提高工作效率，加强监督。这样做更加有利于不同区域的水资源得到有效利用，对于缺水地区的居民来说，水利修建、水资源调度都离不开地方政府；有利于全心全意为人民服务，走群众路线，从群众中来到群众中去，提高群众对节约水资源的意识，将权力和义务相统一，增进官民感情，更好地服务于全社会；有利于根据市场需要，做到供需平衡，合理地分配水资源。

加强水资源利用。主要表现为：提高水资源利用率。第一、生产中防止水资源的污染。工业生产时，注重水资源的有效可持续利用，对废弃水引进净化水资源的设备，净化后重复利用，不把废水排入江河造成二次污染。第二、在农业中节约利用水资源。在农业灌溉时采用喷灌滴灌的方式，兴修农田水利，提高农业用水利用率。第三、在生活中提高水资源的有效利用率。洗菜水可以反复用，可以用来浇花，拖地等；洗脸水用来冲马桶，洗拖布。不断改进水资源开发利用技术。引进先进的净化水资源设备，处理工厂废水。纯净水净化器要广泛应用于居民生活中，加强水资源质量监测，在发掘地下水井时，注意保护水资源，合理开发，有序利用。

强化生态化的水资源合理配置。水资源管理资源配置要对水资源生态价值做出科学的判定，同时以面向生态的水资源利用模式为中心——以最小的物质投入获得最大的生态服务，也就是说在实现最大化社会经济价值的目标下，需要注重水资源的生态化利用，将水资源损耗强度降到最低，遵循水资源综合生态服务性能，对自然社会生态系统的发展做出全面的综合性分析。

综上所述，水资源管理资源配置目的是为了提高水资源的利用率、节约用水、保护水资源，其不仅需要政府的引导，还需要群众的密切配合，同时需要科学制定相关的管理制度，加强监督落实，使水资源得到合理配置以及使水资源得到充分利用，从而促进社会经济的可持续发展。

第四节　城市水资源管理体系机制

立足于衢州市城市公共生活用水定额编制研究,通过分析衢州市城市公共水资源管理体系框架结构,探讨城市用水管理体系构建过程,初步得到了衢州市用水过程中的信息从终端消费者、用户到行业、政府管理部门各级之间信息传递和反馈机制等,并探讨以信息技术为主城市水资源需求管理信息系统平台建立的必要性。研究结果可为城市用水的科学管理,水资源合理配置提供一定的决策基础。

衢州市自 2015 年开始扎实推进落实最严格水资源管理制度,构筑最严格的水资源管控体系。目前衢州市重点水功能区水质达标率 100%,全部完成或超额完成省定考核目标,该目标的完成主要取决于城市水资源管理机制的进步。本节主要以衢州市为例,根据衢州学院师生联合衢州市节约用水办公室的调研成果分析衢州水资源需求管理系统的主要构成,研究城市水资源需求管理的信息集成与传递过程。把从衢州市 1000 多户重点筛选单位收到的数据进行归类,然后根据走访过程中各级各部门水资源管理制度,各部门之间的信息传递流程,规划清单化管理进行研究编写。本节致力于为城市水资源管理在规划决策源头细化工作分配,强调多部门协调,促进城市水资源分配协调。建立健全"政府主导、部门协同、社会参与"的工作机制,全面推进节水型社会建设提供一定的理论基础。

一、城市水资源管理系统构成及管理流程

（一）衢州市水资源管理结构分工

衢州市目前的水资源管理主要由衢州市水利局水资源管理办公室、浙江衢州水业集团有限公司和衢州市节约用水办公室三者共同进行:

衢州市水利局水资源管理办公室主要负责水资源有偿使用等制度,制定行业用水定额,组织开展水资源调查评价工作,同时负责全市的水资源管理工作。对水资源的总量进行控制,组织指导水功能区划和水资源调度工作,监督落实城市供水水资源管理规定。衢州市住建局下属浙江衢州水业集团有限公司。负责自来水生产与供给和城市污水收集与处理,负责水质检测,实施水表检测与修理,城市给排水工程,承接给排水设施设计、技术咨询、施工与维修。3) 衢州市节约用水办公室与各用水终端联系负责节水型城市转型升级。

（二）衢州市水资源需求管理流程的转变方向

目前衢州市的城市水资源的管理与控制流程较为单一,缺乏多方之间的相互协

调与配合。通过本次调研衢州市有望在调研数据结果的基础上，参考其他城市管理方法，层层把控。先由市水行政主管部门，根据区域取水定额、区域经济情况，经济发展目标与预期以及水利条件确定的可供使用的总体水量，对各行政区的年度用水总量实行控制。下级区、县水行政主管部门则根据市水行政主管部门下达的年度用水计划和有关行业用水定额，在了解自身区域发展方向后，对用水单位进行第二层指标控制。企业内部对生产生活各环节用水做好记录，同时要确保终端用水与管理部门之间的信息双向畅通。节约用水办公室则对每个单位，进行用水检测，协助其完成水平衡测试和转型升级等。

二、衢州市水资源需求管理实践

（一）衢州市工业用水与公共生活用水定额的确定

2018 年 7 月，衢州市节水办联合衢州学院师生展开了对全市 1 000 多家重点用水单位进行用水情况调研，同时参考《浙江省用水定额》中关于用水定额制定方法以及其他省市的用水定额编制。对衢州市工业用水单位，政府机关、写字楼、医院、大专院校和宾馆等工业用水与公共生活用水单位的用水行为进行了详细的分析。在参照衢州市实际情况的基础上，整合了部分专家意见和实践经验，建立统计计算模型，计算得到了各行业的用水定额值，后期再细化到各企事业单位用水定额，作为衢州工业用水与公共生活用水定额管理的依据。

（二）衢州市节约用水办公室综合管理信息平台系统建设

衢州"城市水资源管理信息系统"的建立，它的出发点是实际调查工作收集而来的各类数据有机地结合起来能与水资源管理的研究内容并付诸实践。这是衢州为实现城市水资源管理的信息化引进的一种新的手段。在左建兵，陈远生的《城市水资源需求管理初探》也有提到，其中还包括构建信息系统是城市水资源需求管理的内在需求，是构建数字城市的重要组成部分。城市水资源需求管理信息系统综合运用计算机技术、网络通信等多方面协调。目前衢州市已经建立了衢州市公共生活用水需求管理信息系统平台对市区用水户的总用量进行用水管理，为衢州市水资源规划、配置管理，社会水文经济发展提供了科学决策的依据。

（三）对一些重点企业，单位开展了水平衡测试

水平衡测试是指用水量应该与各种消耗水量、排水量、回用水量相平衡，水平衡测试是对用水单位进行科学管理行之有效的方法。目前衢州市已形成良好的水平衡

监督机制，由衢州市节约用水办公室负责引导各个单位进行水平衡测试，对重点单位每个月的用水计划进行控制，良好有效的促进了企业单位的转型升级。其中较为突出的有两家单位：

一是衢州市中医院，在建造住院部大楼期间，他们对院内供水和排水管网进行了改造和单独计量，并且在后期投资 2 万余元进行了水平衡测试。改造后的中医院可比同类型医院节约用水将近一半。二是衢州阿尔诺维根斯特种纸有限公司开展了节水型企业创建工作以来，投资了 300 万元建立废水深度处理系统和白水回收项目，提高了白水重复利用率，每吨纸的耗水量从 60 t 下降到 20 t，在提高企业精细化管理程度的同时，也提升了企业的经济效益。而且每年排入市政管网的污水减少了 25 万 t。

（四）推进最严格水资源管理

目前衢州节水型城市建设已取得阶段性成效，顺利通过水利部的技术评估和省部联合验收。节水型城市的理念融入到广大市民的生产生活中以及社会经济发展的各个方面。同时推进最严格水资源管理，夯实了水资源管理基础，规范了取用水管理。节水型社会建设影响逐渐扩大，开化、江山等区县也开始开展节水型社会建设达标创建。最严水资源管理的实施，这在政策上给衢州城市的水资源管理体系的进一步构建提供了保障。

三、对城市水资源需求管理结构的展望

（一）完善城市水资源信息管理平台

城市需要努力实现信息平台一体化。将城市水资源的供水数据、需水数据以及根据定额制定得到的行业用水信息数据，包括各个行业产值的水配比，主要项目用水情况与其他用水数据以及用户层面的用水数据库涵盖进来。尽量完善用户基本信息、增加管理层级，实现管理到户。减少管理用户与消费者用户之间的壁垒。加强信息互通性更有利于城市的整体规划管理。同时应该要提供相应的法律法规、对单位管理考核办法配以专业的专家解释，保证在为管理者提供规划管理所需要的数据、信息时保障企事业单位权益。目前已有衢州市节约用水办公室网络平台，衢州还可以参考其他省市完善行业水资源数据库、用户身份识别方法库、定额计算指标确定方法库、专家知识库以及决策支持库。

（二）建立水资源—经济—环境管理模型

在生态经济的背景下，我们应努力向建设水资源—经济—环境管理模型这个大

方向靠近。利用优化技术,给出城市水资源的承载能力和优化配置方案,即最大限度地满足城市国民经济和社会发展的需水量,提出合理可行的城市国民经济发展规划的调整方案和环境控制、治理措施,使水资源发挥最大的经济效益和环境效益,实现社会绿色发展。

(三)完善相关法律法规实现制度保障

一个好的城市水资源管理体系需要辅以相应的法律法规。做到管理有法可依,实现法制管水,科学管水。坚持水资源的长期监测工作。同时随着经济水平,科技水平的提升,反过来要加大水资源环境等问题投资力度,三者应相互促进,互相提供保障。

笔者认为建立城市水资源管理体系需要如下几个步骤:

加强各行政管理部门的联系,增加平行管理部门实现任务分配;

建立科学的用水定额体系;

引进新的节水手段,督促企事业进行转型升级,完成水平衡测等;

完善城市水价体系结构;

建立管理查询一体化的城市水资源需求管理信息平台;

完善用水管水法律体系,提供良好的政策环境,保证城市水资源需求管理顺利实施。希望今后的城市水资源管理实践能不断发展和完善,形成一个稳定可靠的水资源管理体系供每一个城市应用。

第五节　水资源管理的经济措施探析

水资源可持续利用和管理是可持续发展的重要保障,实施水资源的科学管理是解决水资源问题的有效途径,水资源管理的基本方法主要包括行政措施、法律措施、经济措施、技术措施和宣传教育措施等。本节主要对我国水资源管理的若干经济措施进行了讨论和展望。

随着人口与经济的增长、城市化进程的加快、水环境的日益恶化,人们对时间和空间上分布得当、数量足够、质量合格的水资源需求量的不断增加,水资源短缺所导致的"水危机"已经成为全球性问题,也是人类发展面临的最严重的挑战之一。

由于水资源问题的日益突出,人们把"解决用水矛盾"的希望寄托在对水资源的科学管理上。水资源管理,可以认为是以实现水资源的可持续利用保障可持续发展为目标,运用行政、法律、经济、技术和教育等手段,对水资源开发、利用和保护的组织、协调、监督和调度等一系列规范性活动的总称。就管理科学而言，水资源管理属于专业性管理，涉及自然、社会、经济、环境诸多方面，许多理论、方法尚在摸索研究阶段。本节主要探讨了水资源管理方法的经济措施。

水资源管理的经济措施是指按照经济规律和原则，依照政府部门制定的有关经济政策，以一系列经济手段为杠杆，间接调节、控制和影响水资源的开发、利用、保护等水事活动，促进水资源的可持续利用和保障社会经济的可持续发展的一系列经济手段。实施水资源管理的主要经济措施分析如下。

一、明晰水权

产权制度是经济结构中最基本的东西。产权是经济学中的一个重要概念，尽管其定义多种多样，但其中心点主要是指由于物的存在以及关于他们的使用所引起的人们之间互相认可的行为关系。产权安排确定了每个人相应于物时的行为规范，每个人都必须遵守自己与其他人之间的相互关系，或承担不遵守这种关系的成本，有别于其他经济学分支的高度数学化特征。产权经济学由于侧重于人与人之间的关系的研究，因而主要采用描述性的经验分析方法。

水资源作为一种短缺性的资源，其开发利用过程实质上是一种再分配过程，无论是以计划方式还是以市场方式对其进行配置，都要以一定的产权制度为出发点。

水权就是水资源的产权，是指水的所有权和各种利用水的权利的总称，通常包括水资源所有权、水资源使用权以及与水利用有关的其他权利。由于水是一种短缺性的资源，当它被使用时，所有权与使用权必然分离。在我国水的所有权属于国家，单位和个人可以依法取得水的使用权和收益权。

水资源的国家所有权是神圣不可侵犯的。但根据水及其功能特点，水资源的使用权可转让或分解给不同的地区、部门和单位，导致水资源使用权的复杂性和多元性。因此，明晰水权的关键是合理界定水资源的使用权。一般地说，水资源的使用权是按流域来划分的，例如某流域的水资源，有多少用于生态、多少用于冲沙、多少用于各区分配，每个区用多少，这就是国家赋予他们的水权。水资源的使用权必须依照水法规定的申办许可制度取得。

应该指出，水既是一种资源，同时也是环境的重要组成部分，水作为资源和环境要素具有一体性。水资源的使用权还应包括水环境权，即公民和法人对水环境所享有的权利，如清洁水权、审美权、舒适性权利及禁止排污权等。

二、制定和执行合理水价

水资源作为一种分布广泛，人类不可缺少的自然资源，是有价值和价格的。水资源与环境对人类生存发展的价值，主要体现在维持生命和非生命系统的价值，支持经济社会发展的价值，生态价值，环境价值，文化价值等。

任何对人类有价值的自然资源在市场经济中都应有价格，水是对人类有极高价值的自然资源，在市场中也应有其价格。水价可分为资源水价、工程水价和环境水价三个组成部分。

资源水价是体现水资源价值的价格。资源水价通过征收水资源费（税）来体现，任何用户通过交纳水资源费（税）获得取水许可证来取得水资源的使用权。此时水尚未进入市场，而是按行政命令进行分配，并按照政府税率进行补偿。水资源费（税）是法定价格，不会随市场变化，因此资源水价为非市场调节的水价。

工程水价和环境水价分别体现为供水价格和污水处理费，他们是可以进入市场调节的部分，但经营者需要经过政府的特许，因没有足够多的竞争者而形成自然垄断，同时特许经营者要受到政府在价格等方面的管制，因此工程水价和环境水价是在政府通过特许经营管制的不完全市场中的水价。

水价作为一种有效的经济调控杠杆，涉及普通水用户、经营者、政府等多方面因素。从综合的角度来看，制定和执行合理水价的目的，在于合理配置水资源、保障合理生态环境、美学等社会效益用水以及可持续发展，鼓励和引导合理、高效、最大限度地利用可供水资源，充分发挥水资源的间接经济社会效益。

由于人们对价值问题的不同理解而推演出不同的价值理论，从而存在不同的经济理论。持续发展经济学的生态边际效用价值理论为水资源可持续利用条件下水的价格的合理确定提供了新的理论基础。

三、建立水资源保护的经济补偿制度

水资源的经济补偿制度是基于国家对水资源的所有权，为保证一切单位和个人安全用水的权利，将国家为保护和恢复水资源与环境的功能所花费的费用根据"污染者付费"和"谁破坏，谁恢复"的原则分配到在开发利用活动中对水资源与环境造成破坏、污染等不利影响的开发利用者身上，以筹集水资源保护经费的制度。从经济学的观点而言，建立水资源补偿机制是使水资源保护问题外部不经内部化的有效方法。

排污收费制度是"污染者付费"原则的具体体现，成为目前世界各国在水环境保护法中所普遍规定的一种水资源与环境的经济补偿手段。不同国家所执行的水污染排污收费制度大致可分为只征收超标排污费，同时征收排污费和超标排污费，排污收费和超标罚款并加重收费三类。

我国《水污染防治法》第十五条规定："凡向水体排放污染物的，按照国家规定缴纳排污费；超过国家或地方规定的污染物排放标准的，按照国家规定缴纳超标准排污费。"排污收费主要从水质的角度考虑对水资源与环境的经济补偿，而没有考虑国家在调节水量、恢复地下水位以及维持水生态环境等方面的费用，是不全面的经济补偿。

四、加大水资源管理的资金投入

水污染在很大程度上归结为水资源管理的费用未计入产品成本，我国政府也在一定时期内未将水资源管理的费用纳入财政收支，财政上没有设立水资源保护管理科目，水资源与环境保护管理工作无经常的、稳定的经费来源，造成了水资源管理上资金投入的短缺。

随着节约和保护水资源作为我国一项战略问题被提出，从中央到地方都已充分认识到了政府在水资源保护管理工作中所处的地位，应从水资源保护管理政府工作目标出发，在今后的财政预算中加大水资源保护管理经费预算数目，保证国家的投入。对于水污染的防治，在加大政府预算的同时，还必须有效掌握和运用市场规律，积极调动各方面的投入（如私人资本、外资等），努力推进水污染治理的"产业化、市场化和社会化"。

五、培育水资源使用权和排污权的交易市场

市场对资源的配置作用是相当明显的，发挥市场的作用需要有政府宏观政策的引导和法律法规的认可，也就是说市场秩序需要国家来维持。

关于水资源的使用权和排污权的交易最早出现在美国，我国关于水资源的使用权的转让和排污权的交易目前尚处于起步阶段，但局部已取得明显效果。如浙江省义乌市在2000年用2亿元水利建设资金购买了人均水资源相对丰沛的东阳市横锦水库5000万立方米优质水资源使用权，为商贸十分发达但供水严重不足的义乌市的可持续发展提供了可靠地保障。

从鼓励节水技术应用的角度出发，应允许将通过采用节水技术或改革生产工艺，降低用水定额而节约下来的水的使用权依法进入市场转让。同样，为了促进水污染的治理，应允许在分配的排污总量范围内，因企业利用洁净生产技术、综合利用及加

强污染治理而降低的部分排放量的排污权进入市场交易。

　　水是一种性质特殊的短缺资源，水资源使用权和排污权的交易市场是一个带有相当垄断性质的不完全市场。积极引导和培育水资源使用权和排污权的交易市场是水利工作现代化的最重要的基础之一。

六、发挥税收调节职能引导产业结构调整

　　调节职能是税收的基本职能，税收的调控手段主要有增税和减税两种。水资源与环境保护管理是税收新的调控目标，尽管我国已采用税收减免和加重税收等多种税收政策来促进企业污染的治理和产品结构的调整，并取得了一定的效果，但税收政策在水资源保护管理上还需进一步完善和具体运用。一方面对已确定对水体有严重损害的产品应开征污染产品税，如针对目前我国湖泊富营养化问题严重的状况，有必要对含磷洗涤剂开征污染产品税，以限制含磷洗涤剂的生产，刺激无磷洗涤剂的生产和消费。另一方面应充分利用税收减免等优惠政策，对生产无污染产品或采用清洁生产技术的企业给予税收优惠，对采用节水措施的企业也可给以一定的税收优惠政策。

　　通过税收调节政策，可鼓励清洁生产技术和节水技术的发展，限制重污染产业的发展，从而达到调整产业结构的目的。当前的水资源管理是在我国实施可持续发展战略方针下的水管理，涉及面广，考虑因素多，必须从行政、法律、经济、技术和宣传教育的角度不断探索和总结出有效的管理手段，并使之互相配合、互相支持、多维并用，才能达到开发资源、保护环境、促进经济与社会共同持续发展的目的。

第七章　水资源管理的创新研究

第一节　水资源管理与生态文明建设

　　党的十八大报告明确指出新时期应该全面加强生态文明建设，并将水资源管理工作纳入到生态文明建设体系中，促进我国生态环境的改善。因此，新时期背景下，应该正确认识水资源管理和生态文明建设之间的关系，通过加强水资源管理为生态文明建设提供良好的支持，促进生态文明建设在新时期背景下取得良好的发展成效。

　　水是国家战略资源之一，在改善国家整体自然环境方面发挥着至关重要的作用，对生态文明建设产生着极其重要的影响。党的十八大高度重视我国社会主义生态文明建设，并将其归属到社会主义现代化建设工作中，希望借助生态文明建设促进我国的良性发展，为国家的持续稳定发展提供良好的支持。因此，在新时期背景下，各地区都应该保持对水资源管理和生态文明建设工作的高度重视，并积极探索水资源管理和生态文明建设的措施，希望促进生态文明建设取得良好的发展成效，为我国社会主义现代化建设奠定坚实的基础。

一、水资源管理与生态文明建设之间的关系

　　从生态文明建设角度进行解读，水资源是生态文明建设中的核心要素，加强水资源管理，对提高生态文明建设效果，促进我国社会主义生态文明发展具有一定的现实意义。从水资源与生态文明建设之间的关系进行分析，发现水资源管理工作的优化开展能够为生态文明建设提供一定的基础性支撑和实现保证，只有全面加强对水资源管理工作的重视，促进水资源管理作用的发挥，我国生态文明建设才能够逐步取得良好的发展成效，离开水资源管理，生态文明建设工作必将最终流于形式。同时，十八届三中全会将水资源管理纳入到生态文明建设工作中，水资源管理由此成为生态文明建设工作的重要组成部分，水资源管理工作在全面深化生态文明建设方面的作用日渐凸显出来，在促进完整生态文明制度体系方面发挥着重要的作用。同时在加强生态文明建设工作实践中，为了促进十八届三中全会会议精神的贯彻落

实，借助水资源管理工作促进生态文明建设，应该对生态文明建设与水资源管理之间的关系形成正确认识，明确水资源管理能够为生态文明建设提供有力支撑，为全面加强生态文明建设工作，也能够促进水资源管理现状的改善，有效推动我国水资源供需平衡，促使我国水资源管理工作在新时期也能够取得相应的发展成效。从这一角度进行系统的分析和研究，新时期背景下应该全面加强完整生态文明制度体系的建设，以制度体系为环境保护和水资源保护工作的开展提供相应的保障，为生态文明建设在新时期的持续稳定发展提供良好的支持。

二、加强水资源管理，促进生态文明建设的良好发展

由于水资源管理工作与生态文明建设工作存在着紧密的联系，因此，在新时期背景下应该全面加强对水资源管理工作的重视，并积极探索借助水资源管理全面推进生态文明建设工作的措施，希望能够借助水资源管理工作逐步改善生态文明建设发展现状，促进生态文明建设在新时期背景下取得良好的发展成效。具体来说，在生态文明建设工作实践中要想借助水资源管理的力量促进生态文明建设的发展，可以从以下角度入手进行深入的研究和分析。

（一）全面贯彻落实水资源管理制度

基于水资源管理对生态文明建设工作的重要性，新时期在加强水资源管理工作的过程中应该建立健全严格的水资源管理制度，并将其作为加强生态文明建设制度方面的重要内容，在提高水资源管理成效的同时促进生态文明建设工作呈现出良好的发展状态。在具体操作方面，应该坚持党的领导，贯彻落实十八届三中全会关于构建完整生态文明制度体系方面的内容，将水资源制度建设工作作为切入点和落脚点，借助水资源制度建设贯彻落实"三条红线"和"四项制度"，为生态文明建设工作的良好推进创造出有利条件。此外，针对水资源管理工作的实际需求，在认真贯彻落实各项指导思想的基础上，也应该构建相应的管理体制，推动水生态文明城市创建考核工作的开展，促进水资源管理制度作用的发挥，保证生态文明建设能够取得更好的发展成效。

（二）全面提高对水资源的调控和配置能力

基于十八届三中全会关于生态文明建设精神的指导，在加强水资源建设和管理工作的过程中应该促进科学发展观的贯彻落实，并统筹经济建设和社会发展以及水资源利用三者之间的关系，借助科学的规划和利用实现三者之间的平衡发展，在促进经济建设的同时也实现对水资源的保护，促进生态文明建设工作的持续推进。在

工作实践中,相关工作人员应该对水资源战略配置格局进行新的优化,因地制宜的加强对配置制度的构建,保证能够实现对水资源的统一调度,促进社会的和谐稳定发展。唯有如此,水资源管理工作才能够真正发挥其辅助作用,促进生态文明建设的优化开展。

(三)加强水资源保护和水生态环境的修复

在水资源管理工作中水资源的保护和水生态的修复也是较为重要的内容,要想确保水资源管理工作在促进生态文明建设方面的作用得到进一步凸显,还应该将水资源的节约和水生态的修复作为重点工作。通过制定水资源强化论证措施、有偿使用措施以及水功能区管理措施等,增强对水资源的节约,促进水资源的循环使用,推动节能节水型社会的构建。在水生态环境修复方面,相关部门也应该保持高度重视,通过积极探索河流健康评估工作和河流环境修复工作等,加强对水环境和水生态建设工作的重视,保证在水资源管理工作的有效支撑下,生态文明建设效果能够得到进一步凸显,为我国社会主义生态文明建设提供全方位的支持。

(四)全面推进水生态文明创建工作

水生态文明创建思想的提出是贯彻落实十八大以来一系列会议精神的结果,是践行生态文明建设理念的具体工作部署,在社会建设发展过程中,要想保证水资源管理效果,促进生态文明建设水平的逐步提高,就应该深入贯彻落实水资源管理制度的试点工作,并将水生态文明建设作为重点内容,希望能够构建人与水环境、自然和谐相处的现代化水利体系,为生态环保工作的逐步推进提供有效支撑。首先,基于全面统筹思想的指导和因地制宜原则的支持应该科学合理的建设湖水联通系统,促进现代湖水网体系的构建,争取在社会上形成完成的水生态体系,保证水资源和水环境的承载能力得到明显的提高。其次,在水生态文明的建设过程中,应该注重对水生态文化的宣传,让社会大众和社会上的水利工程设计和建设组织能够认识到水生态环境维护工作的重要性,积极探索相应的水生态环境维护措施,争取实现对水资源有效利用和对生态环境保护工作的双赢,促进生态环保工作的优化开展。

综上所述,新时期背景下,我国国家建设过程中要求全面加强生态文明建设,为社会主义现代化建设提供相应的支持。而在此背景下水资源管理工作也日渐受到广泛关注,借助水资源管理工作促进生态文明建设的良性发展成为相关部门重点关注的问题之一。所以新时期将水资源管理和生态文明建设作为研究对象具有一定的现实意义,能够为生态文明建设工作地优化开展提供相应的理论参照。

第二节 水资源管理中水土保持关键点

本节分析了水资源管理中水土保持的关键点,包括理顺水土保持和水资源量与质的关系,为采取水土保持措施树立标准;采取科学措施,为做好水土保持工作确定方法;进行水文分析,为水资源量与质的提升提供依据。

一、理顺关系,为采取水土保持措施树立标准

水土保持的水量效应,即水土保持措施对流域或区域水资源数量变化的影响,一是能够减少流域产沙模数和径流量,二是能够减少流域水流含沙量和洪峰流量,并延缓洪峰形成时间,改变洪水历时和产沙、产流的关系,在一定程度上改善区域水循环。水土保持工作与水资源质量呈正相关的关系,水土保持可对水质中的污染物进行过滤、吸收和转化,同时有害物质也会随流失的水土而迁移,从而扩大了污染源,导致有害物质在更大范围内影响地表水及地下水的质量,这种现象与非点源污染有关。非点源污染是指工农业生产与人们生活所产生的有害物质通过地表径流、土壤侵蚀、农田排水、地下淋溶、大气沉降等形式进入水、土壤或大气环境所造成的污染,其来源较广、潜伏性较强,且具有一定的随机性。根据实际污染物的来源及产生原因,可划分为农业非点源污染、水土流失非点源污染、农村生活非点源污染、降水降尘非点源污染、城市非点源污染等。农业非点源污染是来自农业生产当中的非点源污染,包括农药或水产养殖饵料药物等有害物质、秸秆农膜等固体废弃物、畜禽养殖粪便污水等造成的污染;水土流失非点源污染是因水土流失而产生的非点源污染,包括土壤泥沙颗粒、氮磷等营养物质等造成的污染;农村生活非点源污染包括农村生活污水、垃圾等造成的污染;降水降尘非点源污染是大气中的污染物随着雨水的降落而产生的非点源污染,包括各种大气颗粒物造成的污染;城市非点源污染是伴随径流融入城市水体而产生的非点源污染。不同类型的非点源污染分布比较广泛,机理形成比较模糊,随水土流失后控制难度会更大。因此,需明确水土保持和水资源量与质的关系,找到水土保持的关键点,为采取水土保持措施树立标准。

二、采取科学措施,为做好水土保持工作确定方法

水土保持措施包括工程措施、生物措施和耕作措施。工程措施是以保持土体稳定和截排水建筑工程为主的水土保持手段,包括水窖、截水沟、拦砂坝、沉砂池、挡风墙、护土坡。生物措施也叫植物措施,是采用林草植被进行绿化,减少地表土壤侵蚀

的水土保持手段。耕作措施是改变坡面微小地形、提高植被覆盖率、增强土壤抗蚀性的水土保持手段。这些措施对水质的影响主要体现在对非点源污染的控制上。

（一）工程措施

一是通过修筑治坡工程（如水平沟、鱼鳞坑、台地、各类梯田等）进行蓄水保土，在小范围内达到水土保持的目的；二是修建治沟工程，如拦沙坝、淤地坝、沟头防护等；三是兴建水窖、水池、排水系统和灌溉系统等小型水利工程，在保持水土的同时合理利用水资源；四是兴建中、大型水利工程，改善区域水资源的量与质。

（二）生物措施

主要是通过提高植被覆盖率来维护、改变和提高土地生产力，达到保土蓄水、提高土壤抗蚀性、改良土壤的目的。这种水土保持措施对水资源既有保护作用，又有改善作用。

（三）耕作措施

耕作措施通过改变坡面微小地形来提高植被覆盖，增强土壤抗蚀性，具有保土蓄水、改良土壤的作用，也可减小或避免农业非点源污染。

三、进行水文分析，为水资源量与质的提升提供依据

对水资源量与质的检测需进行水文分析。借助相关的水文泥沙观测资料，通过水文分析可有效计算出水土保持措施之下水和沙的实际减少量，从而可分析出该水土保持措施的实际蓄水拦沙能力。

根据水土保持措施的实测结果和产沙特征，及人类相关活动所增加的水土流失量，就能计算出其减水减沙效益。水文分析时，还要计算非点源污染物。非点源污染物主要由两部分构成，即溶解态物质和吸附态物质，它们的主要污染方式是侵蚀。溶解态物质是随着雨水流入水体的，吸附态物质是随着土壤进入水体的。通过分析地表水与地下水径流，可有效地为水资源量与质的提升把好关。

第三节　水资源管理新思想及和谐论理念

近年来，随着我国经济的快速发展，水资源的管理极为重要和关键。为此，了解水资源管理的重要性，根据多年的实践经验，分析目前水资源管理存在的问题，阐释现代水资源管理新思想——水资源的循环利用、健全完善水资源管理制度、联通河湖调配水资源、做好水功能纳污总量控制、推广水利利民工程。并进一步介绍现代水

资源管理的和谐理论,为今后管理好水资源提供理论和技术指导。

水是生命之源,生产之要,解决水资源的矛盾还需做好科学的管理工作,在和谐的理念之下做好水利部署,将水利工作摆在切实有效的位置上进行分析,运用突出的水资源管理制度,由此也可以实现水资源的现代化管理,以下对现代水资源管理新思想与和谐论的相关理念做出研究分析,以便更好地实现水资源的管理。

一、现代水资源管理的现状

我国淡水资源的不断消耗,政府各部门单位慢慢的对现代水资源的管理给予重视,陆续给出相应的措施,但依旧存在许多问题,主要出现的问题有以下几方面:(1)缺乏完善的管理体系。到目前为止,还没有一个结构完善的水资源管理体系,即便有许多建立于水资源管理的相应部门,但由于其独立性以及地域的限制性,水资源的管理部门缺乏统一性。这样的情况使得水资源管理不集中,缺乏整体观,效果堪忧。(2)缺乏相应的法律法规。我国与水资源管理的法律法规相对缺乏,并且相应人员素质不高,相应的部门单位执法力度缺乏,总总问题导致水资源严重浪费。现阶段,我国首先要对水资源管理方向的法律法规进行全面完善,做到有法可依,而执法部门要做到有法必依,违法必究,这是切实保证水资源管理能力的基础。(3)缺少合理的导向政策。由于水的商品属性,他的定价应该由市场决定。但是在缺少合理的导向政策的形势下,影响水价高低的因素多种多样。为了推动水资源企业的健康发展,急需制定符合我国水资源基本国情的水价定价方案。(4)考核制度不完善。这是导致管理人员管理不到位的主因,政府相关单位应当尽早制定切实可行的考核制度。同时,将管理成果和个人业绩达成联系,从而提高工作人员的积极性。

二、水资源管理的新思想

(一)水资源的可持续利用

可持续发展观提倡资源高效配置和利用,水源可持续利用就是要达到水资源和社会经济、自然环境以人类生存和谐发展,实现资源良性循环利用。水资源可持续利用要坚持以科学发展观为出发点,以点带面,注重整个区域的水资源高效利用,通过从一个点分析资源利用问题,体现整个地区资源结构的变化,并预测这种变化将来会造成哪种影响。进而真正实现水源的长效可持续利用。

(二)水利利民

在我国,仍有近2亿农民饱受饮水安全的困扰,大量水库安全性不达标,而大量居民在蓄滞洪区生活着。对于这一严峻的现状，我们要尽快将水利建设的方案进行落实并实施。首先，要对年久失修的水库水阀进行修补或者更换，保证其防洪能力。其二是要确保居民的饮用水质量安全，保护水源地环境，实时监测水质。其三要加强农业水利建设投入，在农业灌溉，牧区用水以及坡地整治等方面给百姓带来利好。其四要大力保护水土，给城乡居民创造优良的生存环境。最后要做好水库移民的安顿。提高水库移民的拆迁补偿费用，更要保证后期的扶持。

（三）健全完善水资源管理制度

现阶段，水资源污染严重，水资源浪费严重，制定严格节水管理制度极为重要和关键。对水资源的管理，务必要做到"三条红线""四项制度"。第一条红线是水资源的开发利用，国家规定到 2030 年全国用水总量需控制在 7000 亿 m^3 以内。第二条红线是用水效率，国家规定到 2030 年万元工业增加值的用水量要控制在 $40m^3$ 以下，农田灌溉用水的有效系数要达到 0.6 以上，整体用水效率要接近或达到世界先进水平。第三条红线是确立水功能区限制纳污。国家规定到 2030 年水功能区的水质达标率要提高到 95% 以上，流入河湖的污染物总量要控制在水功能区的纳污范围能力之内。"四项制度"分别指严格控制用水总量，有偿用水，对地下水进行保护，统一调度水资源；加强控制用水效率，支持节水改造技术的研究工作，加强全民节约用水的宣传；加强水功能区限制纳污管理，控制排污量，保护饮用水水源；将水资源的保护、利用、节约纳入地方考核。

三、现代水资源管理的和谐理论

水与人的和谐是现代水资源管理的实质。国家"十二五"规划率先提出人水的和谐以及科学发展理念，落实史上最严的水资源管理制度，真正得将水利建设设定为国家基础设施建设的关键。"和谐论"理念中的和谐是为了达到水资源的"平衡、协调、一致、完整以及适应"关系。和谐论是阐述自然界和谐关系的重要理论，是关于多方参与者一起完成和谐关系的理论。和谐论理念无处不在，主要有：（1）"以和为贵"的价值观。（2）平和对待各种关系中存在的矛盾冲突，允许存在"差异"，主张以和谐的方式去应对所有不和谐的问题。（3）坚持以人为本、全面、协调、可持续的科学发展观，从而有效处理自然界以及人类社会面临的灾害。（4）主张系统的观点，采用系统论的理论方法去探究和谐关系问题。体现在水资源管理中的和谐论理念：（1）调整人和水的关系达到一个和谐的状态。（2）宣传普及人水和谐思想观念。（3）协调分配各地区各用户各部门的用水量以及排污量。（4）深化人水和谐思想，协调权衡水资源保护与开发。

现代化水资源的管理需从可持续发展角度出发，对水资源紧缺现状的认识；人水和谐思想也是最新的管理思想，更是和谐论理念的衍生品，因此在后续的水资源管理过程中还需要践行相关的理念，不断找到新的方式方法做好水资源的管理工作，争取能够更好地改变我国当前水资源浪费严重、污染严重以及使用不足的问题。

第四节　数字化技术在水资源管理中的应用

新时期，为了提高水资源管理水平，需要重视数字化技术的应用。通过实践分析，数字化技术在水资源管理工作过程的运用，大幅度提高了水资源管理效率，因此，在实践管理过程中，要提高对数字化技术的研究能力，以确保相关工作有效开展。希望通过本节的有效研究，能不断提高水资源管理工作效率，从而为相关工作的开展奠定良好基础。

在有效的分析数字化技术过程中，要重视结合水资源管理开展实际工作，从而才能有针对性地提出更加完善的管理对策，以保证水资源管理工作有效开展。

一、采集信息与传输数据的信息化管理系统

在水资源实际管理过程中，一定要有针对性地采集水资源的有关数据性信息。作为水资源管理部门，需要精准收集水资源管理的一些信息，利用水资源管理所设置的视频监控器、闸位数据收集器、水位传感器、雨量传感器等信息收集的相关装置，进而建构一个健全的水资源数字化信息的采集系统。有效利用信息采集的数字化技术，对水资源管理中的干渠、分干渠、水位的具体情况做进一步的监督工作，为水资源管理在速度与专业上达到信息化的有效保证奠定基础。以往的灌溉区域重点使用的是超短波无线通讯网、数字微波通讯网作为通讯的工具。伴随着当前科学技术的逐步发展，以往的通讯技术已被淘汰。所以，水资源管理的部门要迅速建构一个信息传输的渠道，并使用无线宽带达到水资源信息有效传输的目的。

二、水资源管理数字化的网络系统建设工作

在水资源管理数字化技术的过程中，实现水资源信息资源共享的重点是利用现代化网络系统来施行。水资源管理部门要迅速建立一个可以传输图像、视频、音频等多个类型、且范围广的数据信息电脑网络平台，保证水资源信息可以真正得到有效的利用与开发，从而切实发挥水资源信息的真正作用。与此同时，水资源管理部门不仅要有效建立计算机网络平台，还需要建设相应的地理数字化系统和覆盖范围较为

广泛的全球化定位系统。对于地理数字化系统来讲，可以为水资源信息做详细且科学性的整体性分析，而相对于全球定位系统来讲，可以帮助水资源管理部门精准掌握水资源产生问题的相关地点。作为水资源管理的部门，还需要利用模拟仿真系统，收集好全部的水资源信息，并实施标准化的存储与处理。

三、水资源管理信息化水质与旱情监测系统

水资源管理部门需要在灌溉区设立一个监测断面，利用对断面的准确监测，有效提高灌溉区水质监测的实际性效果。若是发现水资源里有污染物，水资源管理部门需要使用水资源数字化的技术，模拟分析污染物扩散的实际路径，进而预测污染物的扩散区域，全面提高污染物处理的质量和整体效果。

水资源管理部门可以有效利用降水、土壤、气候等有关因素的情况进行旱情的预测。在旱情监测方面使用水资源管理数字化的技术，可以准确分析出水资源管理区域的具体状态，进而确定水资源管理区域有无旱情的发生。通过逐步检测，如果发现水资源管理的地方有旱情，水资源管理部门就可以运用全球定位系统，将发生旱情的区域进行锁定。

四、水资源领域主要运用的数字化信息技术

（一）RS技术

目前，数字化信息技术已经被大范围应用于水资源领域，这对水资源条件的不断改善，充分发挥了重要的作用。RS技术属于遥感性技术，是现今数字化信息技术里的一个种类，重点使用在旱情检测、水质检测、洪涝灾害、评估等多个水资源行业。

遥感技术的优势是可以使水资源的工作质量超越以往人工式的勘测，所以，在水资源工作领域被大范围地实施应用。从遥感技术在水资源实践过程中的使用中发现，遥感技术收获的数据信息比较多，要规范信息种类，并且做好详细的筛选和整理工作，在做水资源有关研究的时候，可以使用遥感技术，但是不要过度对遥感技术产生依赖。遥感技术有着不错的发展前景，技术上也是很成熟的，但是其自身也有不能全面获得有用信息、无关信息多等一些弊端。所以，在水资源实际工作过程中，就需要使用遥感技术和勘测技术的有效结合形式，利用人工来弥补遥感技术的缺憾，这样能够互相补充，为水资源研究提供更多可靠、准确的数据信息支持。

（二）GIS技术

GIS地理信息体系是基于电脑硬件和软件全面支撑下，切实构成的空间性信息

体系,主要依靠的是GIS技术,能够为地球表层的地理分布情况,做有关的观测工作,之后将采集到的数据信息进行运算、管理、分析。GIS技术在水资源领域的广泛性使用,可以作用于系统,并能够做好水资源信息的查询工作,再利用网络工艺,观测降水和洪峰流量等与水资源有关的因素,从而为防汛抗灾工作提供重要的凭据。

(三)GPS技术

GPS技术有着精准度比较高,自动化强的一些特点,是全球卫星定位的一个系统,所以,在水资源领域应用非常广泛。GPS在水资源行业的有效性应用,有利于水利信息空间位置供给和准确性定位,还能够准确测量出地形地貌的具体特征。当前,GPS技术是在水下地形测量和防汛抗灾的时候,为灾害定位和灾后救援的顺利实行提供可靠性的依据。

通过数字化技术的引入,能够确保水资源管理工作的开展效率,因此,在实践分析过程中,要提高对于数字化技术的运用能力,才能保证各项工作的有效顺利开展。本节基于工作实践分析,对其进行了深入讨论,希望分析能够为相关工作的开展奠定良好基础。

第五节　水资源管理中水利信息化技术的应用

我国经济的不断发展,使得水资源管理中有效应用信息化技术,特别是"数字水利",迅速推进了水利信息化建设。相关部门也十分重视水资源状况,凭借合理科学的水利信息化技术,获取最近的水分、水情以及险情等信息,并把相关的水利信息进行整合和处理,进而保证应用于水资源系统中,实现水资源的高效处理。文章就水资源管理中水利信息化技术的应用进行了阐述。

一、信息化技术的重要性

信息是非常重要的一项资源,是管理者进行决策和发展的依据和凭证,管理者在复杂的情况下进行判断和处理,需要依据对各方面资料进行详细的了解和认知,进而进行信息的分析,保证可以做出相对正确的判断。通过原有的资料和记载进行人工的调查和查询是很难实现这一目标的,而作为一项主要的工程建设项目,"数字水利"是进行水资源整治和管理的重要组成部分,在水资源中有效的应用信息化技术,可以最快的获取信息和资源,不断的提升水资源管理效率,对水资源的整治起着十分重要的作用。信息技术可以有效的进行防洪判断,在第一时间制定较为合理的措施进行防御,使用信息化技术可以保证信息的合计准确,可以及时的处理突发情况。

在进行水资源管理过程中，有效使用信息进行水资源管理，进而制定相应的措施，最大程度的促进社会的发展和进步。

二、水资源信息化建设中存在的问题

（一）资金投入不充足

信息化所涉及的范围比较广泛，并且投资比较多，但是对信息化技术的资金投入不充足，使得水资源信息管理并没有较为合理稳定的建设实施，当资金充足时就建设一部分，如果资金不足就停工。与此同时，在系统的维护中缺少资金费用，很多的系统已经不能正常使用，信息的使用设备比较落后，功能不完善，导致运行的速度比较慢，信息的收集和采集方式和渠道都无法得到及时的更新。

（二）信息化人才短缺

近年来，信息化技术得以迅速的发展，信息化人才较为短缺，相关的制度并不正规，也没有达到规范的标准。很多的信息人员素质比较低，缺乏专业的素质，对技术的应用不熟练，技术发展较为落后，无法顺应当代信息化的建设和发展。为了有效改变此类局面，一定要引进较为专业的人员进行发展，进行定期的培训和考核，全面提升信息化技术人员的水平，促进信息化技术的应用。

（三）管理较为落后

进行信息化技术建设是一项较为复杂的工程，需要各部门进行配合和协作，但是，各部门缺乏统一的标准，影响了数据完善和系统整合，致使网络信息技术功能较弱，不利于资源共享，数据管理比较落后，各系统缺少较为落后的分析问题能力，管理的不规范，使得水利信息化建设比较落后，想要建设一个完备全面的水资源管理系统是十分困难的。

三、水资源管理信息化建设的措施

（一）加大资金的投入

信息化技术建设要具备足够的资金，最大程度地实现既定的目标。此外，还要配备比较专业的团队和技术人员，不断的进行信息化建设。在进行水资源信息管理过程中，可以向有关部门进行资金申请，也可以向相关行业进行融资，最终实现对水利工程数据的整合，使之可以共享和创新，保证水资源信息管理的不断发展和完善。

（二）强化专业人员的思想

一定要充分认识信息化建设，不断提高水资源的管理水平和能力，有效促进水资源的发展和完善，进而推进水利信息化技术的应用和发展，保证信息化建设的发展。信息化技术可以对目前存在的信息技术进行整合和管理，保证信息的高效，聚集诸多的最新资源进行管理和完善，为此，一定要加强思想观念建设，具备良好的思想观念可以保证水利信息化技术的应用和发展，技术人员和工作人员的思想意识提高可以有效的保证水资源的建设，给水利工程的发展奠定良好的基础。

（三）制定管理体系

相关部门需要加强重视，不断的进行施工和完善，促进水利信息化技术的不断发展，为此，应建立水资源信息管理系统，做好水资源管理信息的接收、归纳，随时为各系统所使用。在进行水资源管理过程中，还要建立水土保持监测体系，根据水资源管理的实际情况进行应用和运行，采用遥感以及定位系统对水利信息情况进行检测。科学合理的管理体系，能有效的提高水利信息的管理水平，促进水利工程的可持续发展。与此同时，还要保证网络信息的发展，对网络信息进行创新，有效的促进信息化技术的建设，进而推动整个水利工程的进步和发展，通过网络信息实现水利信息资源的共享。

使用水利信息化技术进行资源完善，有效的提高了水资源的管理水平，提升了水资源的工作效率，同时，也减轻了有关水资源的成本投入，强化了信息化建设和发展。通过加强信息化水利建设的应用，扩宽了信息化的使用范围，加强了水资源的利用效率，进而推动整个水资源的开发和利用，不断造福社会，提升人们的生活水平。

参考文献

［1］孔令敏.水资源管理中问题及应对措施分析［J］.现代商贸工业,2014（22）.

［2］吴书悦,杨阳,黄显峰.水资源管理"三条红线"控制指标体系研究［J］.水资源保护,2014（05）.

［3］李世强,王颖.基于中国水资源管理制度的分析［J］.黑龙江水利科技,2014（08）.

［4］孙步军.连云港市水资源供需现状研究［J］.水利发展研究,2014（08）.

［5］刘云奇,张传奇.我国当前水资源管理现状思考［J］.科技创新与应用.2017（24）.

［6］陆世锋.我国水资源管理现状及对策［J］.农民致富之友,2014（22）.

［7］赵建宗,张鹏,解长玉.诸城市水资源管理现状及对策［J］.山东水利,2016（Z1）.

［8］朱艳.中国水资源管理现状及对农业的影响［J］.农业工程技术,2016（26）.

［9］杨宇,谈娟娟.水利大数据建设思路探讨［J］.水利信息化,2018(02):26-30+35.

［10］董阮建,冯玉明,白雪.大数据背景下水数据处理的研究［J］.农家参谋,2017(24):229.

［11］陈军飞,邓梦华,王慧敏.水利大数据研究综述［J］.水科学进展,2017,28(04):622-631.

［12］才庆欣.节水型社会体制与机制建设初探［J］.水资源开发与管理,2017(02):57-59.

［13］何忠奎,盖红波.水资源管理制度关键就是支持探析［J］.水资源开发与管理,2017(02):13-15.

［14］陈雷.新时期治水兴水的科学指南［J］.求是,2014(15):47-49.

［15］陈红卫,陈蓉.完善我国流域水资源管理的对策思考［J］.人民长江,2013,44(S1):44-48.

［16］陈桐珂.水资源管理理念演化与管理模式的研究［J］.建材与装饰,

2018(39)：291-292.

[17]杨晴，张建永，邱冰，等．关于生态水利工程的若干思考[J].中国水利，2018(17)：1-5.

[18]韦振锋．水资源开发利用中的生态环境保护对策[J].智富时代，2018(09)：149.

[19]王咏铃等．基于水资源合理配置的地下水开发利用研究[J].人民黄河，2017(09).

[20]艾比巴木．塔依甫．水资源节约保护及优化配置路径[J].水能经济，2018(03).